Klett Lektürehilfen

Friedrich Dürrenmatt

Die Physiker

Interpretationshilfe für Oberstufe und Abitur

von
Manfred Eisenbeis

Klett Lerntraining

Manfred Eisenbeis, langjähriger Gymnasiallehrer für das Fach Deutsch und Fachleiter für Deutsch am Studienseminar Saarbrücken. Direktor eines Saarbrücker Gymnasiums.

Alle Seitenangaben zum Dramentext beziehen sich auf die Ausgabe:
Friedrich Dürrenmatt, *Die Physiker.* Eine Komödie in zwei Akten.
Neufassung 1980, Zürich: Diogenes, 1998 (Diogenes Taschenbuch 23047).

Bibliografische Information der Deutschen Nationalbibliothek
Die Deutsche Nationalbibliothek verzeichnet diese Publikation in der Deutschen Nationalbibliografie; detaillierte bibliografische Daten sind im Internet über http://dnb.dnb.de abrufbar.

Dieses Werk folgt der reformierten Rechtschreibung und Zeichensetzung. Ausnahmen bilden Texte, bei denen künstlerische, philologische oder lizenzrechtliche Gründe einer Änderung entgegenstehen.

1. Auflage 2018

www.klett-lerntraining.de
Umschlagfoto: AKG / Niklaus Stauss
Kapitel Schnellcheck: Klett Lerntraining, Stuttgart
Satz: DOPPELPUNKT, Stuttgart
Druck: medienhaus Plump GmbH, Rheinbreitbach
Printed in Germany
ISBN 978-3-12-923148-7

1 Inhaltsangabe und erste Deutungsaspekte

2 Analyse und Interpretation

3 Schnellcheck

4 Prüfungsaufgaben und Lösungen

1 Inhaltsangabe und erste Deutungsaspekte

Vorbemerkung

Dürrenmatts Theaterstück *Die Physiker*, das 1962 uraufgeführt wurde, ist einer der größten Erfolge des deutschsprachigen Theaters nach dem Zweiten Weltkrieg. Diesen Erfolg verdankt es sowohl seiner besonderen Form als auch seinem zeitgemäßen Inhalt. Oberflächlich gesehen, ist das Stück eine spannende Kriminalkomödie mit mehrfach überraschenden Wendungen. Aber unter dieser Oberfläche verbirgt sich eine besondere Form der Tragikomödie, in der dem Zufall entscheidendes Gewicht zukommt. Mit dieser verblüffenden Form will Dürrenmatt den Zuschauer für die Problematik interessieren, die er als entscheidend für die Zukunft unserer Welt ansieht: die Gefährdung der Menschheit durch die Forschungsergebnisse der modernen Naturwissenschaften. Konkreter Hintergrund ist die Zeit des Kalten Krieges, in der mehrfach die atomare Auseinandersetzung zwischen den beiden Supermächten drohte. Der Abwurf der ersten Atombombe über Hiroshima hatte deutlich gemacht, welch grauenhafte Möglichkeiten zur Zerstörung die neuen atomaren Waffen mit sich brachten.

Die Gefährdung der Menschheit durch die Forschungsergebnisse der modernen Naturwissenschaften hat inzwischen eher noch zugenommen: Atomare Erpressung ist nach wie vor denkbar, wenn sie auch heute nicht mehr von den Supermächten ausgeht, sondern von nationalistischen und fundamentalistischen Staaten, die mittlerweile solche Waffen entwickeln oder schon über sie verfügen. Unfälle in Kernkraftwerken sind mehrmals eingetreten. Die Beispiele für Umweltzerstörung häufen sich. Die moderne Gentechnik birgt die Gefahr in sich, den Menschen als Objekt ungehemmter Manipulation anzusehen. Mehr denn je wird deshalb die Frage nach der Verantwortung sowohl der Wissenschaftler als auch von uns allen gestellt. Deshalb ist Dürrenmatts Stück über die Verantwortung des Menschen den Konsequenzen seines Denkens und Forschens gegenüber aktueller denn je. Noch mehr als zur Entstehungszeit gilt, was Dürrenmatt in seinen *21 Punkten zu den „Physikern“* schreibt: „Was alle angeht, können nur alle lösen.“

Gang der Handlung

KURZINFO

Klare Gliederung des Bühnengeschehens

- Ort: Nervenheilanstalt eines nicht näher bekannten Ortes.
- Zeit: Gegenwart des Zuschauers.
- Aufbau: zwei „Akte" inhaltlich gegensätzlicher Art.

Überblick

Dürrenmatts Komödie *Die Physiker* spielt in unserer Gegenwart an einem nicht näher bestimmten Ort in der Schweiz, und zwar in einer privaten Nervenheilanstalt, die von der berühmten Ärztin für Psychiatrie Mathilde von Zahnd geleitet wird. Patienten sind drei Kernphysiker: Johann Wilhelm Möbius, dem angeblich der König Salomo erscheint, Ernst Heinrich Ernesti, der sich für Einstein hält, und Herbert Georg Beutler, der Newton zu sein vorgibt. Jeder dieser Patienten hat eine Krankenschwester ermordet. Diese Morde muss Inspektor Voß untersuchen. Im Verlauf des Geschehens stellt sich nun heraus, dass die drei Physiker nicht geisteskrank sind, sondern mit unterschiedlichen Absichten freiwillig in die Irrenanstalt gekommen sind.

Dürrenmatt hat das Geschehen in zwei inhaltlich gegensätzliche Akte eingeteilt. Dem ersten Akt geht eine umfangreiche Bühnenanweisung voraus, in der Ort und Zeit angegeben sowie Situation und Vorgeschichte auf fast novellistische Art beschrieben werden. Eine ähnliche, doch wesentlich kürzere Bühnenanweisung steht am Beginn des zweiten Aktes.

Dürrenmatt teilt die beiden Akte formal nicht in Szenen ein, aber er setzt im Verlauf des Geschehens bestimmte Schwerpunkte, die durch die jeweils auftretenden Personen und ihre Gesprächsthemen oder auch durch Bühnenanweisungen artikuliert werden. Zur besseren Übersicht wird beim Gang durch die Handlung nachfolgend der Begriff „Szene" verwendet.

Erster Akt: Die Komödie der verkehrten Welt

KURZINFO

Die Demontage der bürgerlichen Werteordnung

- Die Exposition (Szenen 1–3) führt den Zuschauer in die verkehrte Welt des Irrenhauses. Polizeiinspektor Voß und sein Gehilfe bemühen sich um die Aufklärung des Mordes an einer Krankenschwester. Der Täter ist der unter dem Namen Ernesti bekannte Patient, der sich für den großen Physiker Einstein hält. Es handelt sich um den zweiten Mord innerhalb von drei Monaten. Der Inspektor will mit der Leiterin der Anstalt sprechen.
- Der Patient Beutler tritt auf, der die erste Krankenschwester getötet hatte. Er nennt sich Newton, behauptet aber, selbst Einstein zu sein. Der Inspektor hat Schwierigkeiten, die Atmosphäre des Irrenhauses zu begreifen. In der Unterhaltung mit dem Inspektor äußert sich Beutler manchmal durchaus problembewusst, z. B. über das Problem der Atombombe, sodass man an seiner Verrücktheit zweifeln kann.
- Im Gespräch des Inspektors mit der Chefärztin wird die Problematik von Normalität und Verrücktsein vorgeführt. Die Äußerungen der Ärztin lassen den Inspektor erkennen, dass die Grenzen oft verwischt sind. Der dritte Patient, der Physiker Möbius, soll angeblich harmlos sein, aber der Inspektor setzt durch, dass statt der Schwestern Pfleger eingesetzt werden.
- Möbius wird von seiner Familie besucht, seiner ehemaligen Frau mit ihren gemeinsamen Söhnen und ihrem jetzigen Mann, einem Missionar. Sie berichtet der Ärztin von Möbius' Jugend und den Problemen ihrer früheren Ehe. Als er hinzukommt, verliert er während des Gesprächs anscheinend die Selbstkontrolle und jagt seine frühere Familie davon.
- Es folgt die erste Enthüllung: Möbius gesteht der Krankenschwester Monika, dass er nicht verrückt sei und den Ausbruch nur gespielt habe, um seiner Familie den Abschied zu erleichtern. Monika liebt ihn, hält ihn für normal, will ihn heiraten und mit ihm die Anstalt verlassen. Daraufhin erdrosselt Möbius sie.

Die Exposition (1.–3. Szene, S. 15–31)

Szenen 1–3: Funktion

Die ersten drei Szenen des ersten Aktes bilden die Exposition. Sie machen den Zuschauer mit Ort und Zeit des Geschehens sowie den Hauptpersonen bekannt, führen ihn in die verkehrte Welt des Irrenhauses ein und vermitteln ihm die Ausgangssituation, nämlich die Hilflosigkeit des Inspektors bei der Morduntersuchung.

Ausgangssituation

I,1 (S. 15–18). Wenn sich der Vorhang hebt, liegt die Leiche einer ermordeten Krankenschwester auf der Bühne, und die Polizei, vertreten durch Kriminalinspektor Voß und seinen Gehilfen, bemüht sich um Aufklärung des Falles. Voß stellt Fragen an die Oberschwester, und in diesem Gespräch erfährt der Zuschauer, dass der Geisteskranke Ernst Heinrich Ernesti, der sich für den berühmten Physiker Einstein hält, der Täter ist und mit der „Schnur der Stehlampe" die Schwester ermordet hat. Es stellt sich heraus, dass dies schon der „zweite Unglücksfall innert drei Monaten" in der Anstalt „Les Cerisiers" ist (16). Vor drei Monaten hat ein anderer Kranker, der sich für den Physiker Newton hält, ebenfalls eine Krankenschwester getötet. Die Motive für beide Taten liegen im Dunkeln. Der Inspektor hat Mühe, den „Mörder" als „Täter" und den „Mord" als „Unglücksfall" zu sehen. Seine Maßstäbe zur Beurteilung der Realität und seine bürgerlichen Ordnungsbegriffe verwirren sich, die bisherige Normalität wird für ihn so fragwürdig, dass er an seinem Geisteszustand zweifelt und sich fragt, ob er selbst „eigentlich verrückt" sei (17). Er stellt fest: „Man kommt ganz durcheinander." (Ebd.) Um Klarheit und wieder feste Maßstäbe zu gewinnen, will er die Leiterin der Anstalt sprechen. Mit dem Hinweis auf seine innere Verwirrung endet die Szene.

Verwirrung des Inspektors

I,2 (S. 18–24). In der 2. Szene verstärkt sich die Verwirrung des Inspektors – und die des Zuschauers – in Bezug auf das Problem, wer in dieser Anstalt verrückt und wer gesund ist. Herbert Georg Beutler, der „Mörder" beziehungsweise „Täter", tritt auf, und der Inspektor glaubt nach dem Gespräch mit der Oberschwester, ihn als Newton ansprechen zu müssen. Aber Beutler gibt ihm zu verstehen, dass er „schließlich nicht verrückt" sei (20) und die Newton-Rolle nur angenommen habe, um Ernesti „nicht zu verwirren", der seinerseits sich einbilde, „Albert Einstein zu sein" (21). In Wirklichkeit sei er, Beutler, nicht Newton, sondern Einstein, „der berühmte Physiker und Begründer der Relativitätstheorie" (21). Er könne dies aber nicht sagen, sonst sei „der Teufel los" (19).

Auftreten Beutlers

Beutler/Newton kommt auf das Problem der Ordnung zu sprechen. Er stellt die durch den Mord umgefallenen Möbel wieder auf, da er Unordnung nicht ertrage und deshalb Physiker geworden sei. Dass die Ordnungsbegriffe im Irrenhaus pervertiert sind, erkennt der Inspektor, als er sich wie sein Gesprächspartner Newton eine

Problem der Ordnung

Zigarette anzünden will. Er muss sich sagen lassen, dass im Irrenhaus „nur die Patienten rauchen und nicht die Besucher" (19).

Umkehrung der Werte

Nachdem sich der Inspektor und Newton auf Wunsch des Letzteren duzen, macht Newton Äußerungen, die den Zuschauer an dessen Verrücktheit zweifeln lassen. Wie beiläufig kommt er auf die Problematik des Stücks und damit auf die Schizophrenie der bürgerlichen Werteordnung zu sprechen, wenn er den Inspektor fragt:

> „Möchten Sie mich verhaften, weil ich die Krankenschwester erdrosselt oder weil ich die Atombombe ermöglicht habe?" (22)

Auf diese Weise problematisiert er den Begriff „Mörder". Der individuelle Mörder würde in der geordneten, bürgerlichen Welt des Inspektors verhaftet und verurteilt werden. Derjenige, dessen Arbeit zum Massenmord beigetragen hat, wird belohnt und findet gesellschaftliche Anerkennung.

Missbrauch von Erfindungen

Der Inspektor reagiert hilflos, und Newton verdeutlicht ihm am Beispiel der Elektrizität das Gemeinte: Der Wissenschaftler entwickelt aufgrund von Naturbeobachtungen Theorien und Formeln über die Naturerscheinungen. Dann kommen die „Techniker". Sie „kümmern sich nur noch um die Formeln [...] Sie nützen sie aus" (22), das heißt, sie können die von den Wissenschaftlern gewonnenen Forschungsergebnisse gebrauchen oder missbrauchen. Jeder „Esel", so verdeutlicht Newton seine Frage, könne heute „eine Glühbirne zum Leuchten bringen oder eine Atombombe zur Explosion" (22 f.). In der paradoxen Konsequenz dieses Denkens ist für Newton der Inspektor „der Kriminelle", der sich eigentlich „selber verhaften" müsse (23).

Auftritt der Chefärztin

I,3 (S. 24–31). Die Problematik von Normalität und Verrücktheit wird in der nächsten Szene weitergeführt. Die Chefärztin, Fräulein Doktor Mathilde von Zahnd, tritt auf und beherrscht die Situation. Sie verweist auf ihre berühmte Familie und setzt sich über die Hausordnung souverän hinweg, indem sie dem Inspektor das Rauchen erlaubt und auch selbst raucht. Anschließend steigert sie die Verwirrung des Inspektors, indem sie sagt, dass sich Beutler/Newton nicht für Einstein, wie er

vorgibt, sondern „doch für Newton" (25) hält. In diesem Zusammenhang sagt sie einen Satz, der im Zuschauer Zweifel über ihre Rolle aufkommen lässt: „Für wen sich meine Patienten halten, bestimme ich." (Ebd.)
Der Inspektor beanstandet die offensichtlich unzureichenden Sicherheitsmaßnahmen in der Anstalt, muss sich aber von der Chefärztin sagen lassen, dass nicht nur Verrückte „jederzeit morden" (26) können, sondern auch Gesunde. Sie verweist auf ihren Großvater, der als Feldmarschall einen Krieg verloren habe und in seiner Funktion ein vom Staat legitimierter „Mörder" bzw. „Täter" gewesen sei. „Unglücksfälle" wie die Morde an den beiden Krankenschwestern seien „nicht vorauszusehen" (27), meint sie und fügt hinzu: „[...] ebenso gut könnten Sie oder ich Krankenschwestern erdrosseln." (Ebd.) Dann macht sie dem Inspektor gegenüber eine Andeutung, die diesen nachdenklich stimmt: Beide „Täter" seien „Kernphysiker" und „untersuchten radioaktive Stoffe" (28). Der Inspektor merkt, was sie sagen will: „Sie denken an eine Veränderung des Gehirns durch Radioaktivität?" (Ebd.)

Irreführung des Zuschauers

Dieser Hinweis – eine Irreführung des Inspektors und des Zuschauers, wie sich später herausstellt – hilft zwar in der Mordsache nicht weiter, aber für den Inspektor sind damit erneut die Grenzen zwischen Irresein und Normalität verwischt. Er erkennt, dass die geordnete Welt der „Normalen" ebenso gefährdet ist wie die Welt der Kranken, und ist beunruhigt. Er erkundigt sich noch nach dem dritten Patienten, einem Physiker namens Johann Wilhelm Möbius. Als er hört, dass dieser „harmlos" (29) sei und nichts mit Radioaktivität zu tun habe, scheint er beruhigt zu sein. Bevor er geht, setzt er aber durch, dass statt der Schwestern Krankenpfleger eingestellt werden. Die Oberschwester nimmt diese Entscheidung ihrer Chefin widerwillig auf und kündigt den Besuch der Frau des schon im Gespräch erwähnten Johann Wilhelm Möbius an.

Der dritte Patient

Möbius' Abkehr von der Außenwelt (4. und 5. Szene, S. 31–53)

Szenen 4–5: Funktion

Die letzten beiden Szenen des ersten Aktes werden vom dritten Patienten beherrscht, von dem Physiker Johann Wilhelm Möbius, der „seit 15 Jahren" (29) in der Anstalt ist. Sie stellen dar, wie sich Möbius von seiner Familie löst, seine Krankenschwester Monika Stettler tötet und somit den Kontakt zur Außenwelt völlig abbricht. Die 5. Szene hat Wendepunktcharakter, denn die von Schwester Monika bewirkte Entlassung von Möbius wird von diesem selbst verhindert. Damit wird die Voraussetzung für das folgende Geschehen geschaffen. Außerdem enthält sie die erste Enthüllung des Dramas: Der Zuschauer kann erkennen, dass Möbius in Wirklichkeit nicht verrückt ist.

Chefärztin und Familie Rose

I,4 (S. 31–43). Die vierte Szene besteht aus zwei Teilen. Im ersten (S. 31–35) empfängt die Chefärztin die ehemalige Frau von Möbius, die sich inzwischen scheiden ließ und sich nun mit dem Missionar Rose verheiratet hat. Sie ist mit den drei Buben aus ihrer ersten Ehe und ihrem neuen Ehemann gekommen, um sich von Möbius zu verabschieden, da sie im Begriffe sind, zu den Marianen zu reisen, wo ihr neuer Mann eine Missionsstation übernimmt. Der pervertierten Welt des Irrenhauses wird die enge Welt der kleinbürgerlichen Normen gegenübergestellt: Die Mutter hält es für „schicklich", wenn ihre „Buben vor der Abreise ihren Vater kennenlernen. Zum ersten und letzten Mal." (32)

Verabschiedung von Möbius

Diese Teilszene hat auch die Funktion, dem Zuschauer die Vorgeschichte und damit Möbius' Vergangenheit mitzuteilen. Frau Rose, vom schlechten Gewissen wegen ihrer zweiten Heirat geplagt, erzählt die Geschichte ihrer 20-jährigen Ehe: Möbius war ein 15-jähriger „Waisenbub und bitter arm" (33), als sie sich im Hause ihres Vaters kennenlernten. Sie ermöglichte ihm Abitur und Studium und heiratete ihn gegen den Willen ihrer Eltern. Sie bekam drei Kinder, er promovierte und hatte eine wissenschaftliche Karriere in Aussicht, als er krank wurde. Sie musste arbeiten, um die Familie durchzubringen und um die Kosten der Heilanstalt zu bezahlen. Aber dieses schwere Leben geht jetzt weiter. Auch in der neuen Ehe gibt es finanzielle Schwierigkeiten, denn der Missionar bringt „sechs Buben in die Ehe mit" (34).

Geschichte der Ehe

Die Ärztin hört ergriffen und verständnisvoll zu und verspricht Frau Rose, dass Möbius in der Klinik bleiben kann, weil die Kosten der Unterbringung von einer Stiftung getragen werden können.

Im zweiten Teil der Szene (S. 35–43) erscheint endlich Möbius, die Hauptfigur des Stücks, auf der Bühne. Er benutzt das „Familientreffen“ (32), um seine Bindungen zur Außenwelt endgültig zu lösen, für die er sich „kaum mehr“ (33) interessiert und in die er als „Verrückter“ nicht mehr gehört. Er scheint Mühe zu haben, die familiären Zusammenhänge zu begreifen und seine eigenen Kinder zu erkennen. Erst als ihm sein jüngster Sohn mitteilt, dass er Physiker werden will, wird er aufmerksam und verbietet ihm dies unter Hinweis auf sein eigenes Schicksal: Wäre er nicht Physiker geworden, wäre er „jetzt nicht im Irrenhaus“ (37). Dort sei er, weil ihm „der König Salomo erscheint“ (38).

1. Auftritt von Möbius

Die Atmosphäre bleibt verkrampft, der Missionar zitiert Bibelworte, und die Buben sollen durch Blockflöten-Spiel ihre musikalische Begabung unter Beweis stellen. Offensichtlich durch das Spiel provoziert, verliert Möbius anscheinend die Fassung und rezitiert einen „Psalm Salomos, den Weltraumfahrern zu singen“ (41). Bei diesem Text handelt es sich um eine schreckliche Verkehrung eines Psalms Salomos vom Loblied zum Fluch, die ein zerstörtes Universum zeigt, in dem der Mensch hilflos umherirrt. Beschwichtigungsversuche von Frau Rose, der Jungen und der Oberschwester sind vergeblich. Möbius jagt mit Flüchen seine Familie aus dem Zimmer unter dem Vorwand, „den König beleidigt“ zu haben (43).

Wutausbruch von Möbius

I,5 (S. 43–53). Mit diesem Ausbruch hat Möbius die Beziehung zu seiner ehemaligen Familie und zur Außenwelt abgebrochen. Der Zuschauer wird aber über den tatsächlichen Zustand von Möbius im Zweifel gelassen. Ihm bleibt unklar, ob der schreckliche „Psalm“ als Reaktion eines Wahnsinnigen oder als bewusste Provokation zu deuten ist. In der folgenden Szene mit Schwester Monika, der letzten des ersten Aktes, gesteht nämlich Möbius einerseits, und dies ist die erste überraschende Enthüllung des Stücks, dass er sich verstellt und den Wahnsinnigen gespielt habe, „um von meiner Frau Abschied zu nehmen und von meinen Buben“ (43). Dies sei eine „humane Weise. Die Vergangenheit löscht man am besten mit einem wahnsinnigen Betragen aus, wenn man sich schon im Irrenhaus befindet. Meine Familie kann mich nun mit gutem Gewissen vergessen“ (44).

Unklarheit beim Zuschauer

Erste Enthüllung

Andererseits spricht Möbius wieder von Salomo: Dieser habe ihm „offenbart, was zu offenbaren war, das System aller möglichen Erfindungen ist abgeschlossen […]" (ebd.). Die Verwirrung des Zuschauers über Möbius' eigentlichen Zustand und die Motive seines Handelns bleibt bestehen.

Wendepunkt: Auftritt Schwester Monikas

Der Auftritt von Schwester Monika bedeutet einen Wendepunkt des Geschehens. Sie liebt Möbius und hält ihn für normal. Sie versetzt sich in seine vermeintliche Wahnwelt und glaubt deshalb sogar selbst daran, dass Salomo Möbius erscheint. Dieses Bekenntnis erschreckt Möbius, und er warnt sie: „Es ist tödlich, an den König Salomo zu glauben." (46) Aber er gesteht ihr, dass auch er sie liebt, sieht aber gerade darin die Gefahr für sie.

Warnung an Monika

In diese Situation kommt der Physiker Ernesti hinzu und warnt Schwester Monika seinerseits. Er erinnert an seinen Mord an Schwester Irene: „Gehorchen Sie Ihrem Geliebten und fliehen Sie! Sonst sind Sie verloren." (48) Der Zuschauer ahnt, was kommen wird, zumal Möbius ein Letztes versucht und Monika davon überzeugen will, dass es am besten sei, ihn aufzugeben: „Sie laden nur Unglück auf sich. Verlassen Sie die Anstalt, vergessen Sie mich. So ist es am besten für uns beide." (49)

Monikas Aufopferung

Aber Schwester Monika will davon nichts wissen. Sie will nach Jahren der Fürsorge für andere endlich ihr persönliches Glück verwirklichen, will sich „für jemanden allein aufopfern, für jemanden allein dasein, nicht immer für andere", will für „meinen Geliebten dasein" (49 f.). Deshalb hat sie mit der Ärztin gesprochen, und diese hat in Möbius' Entlassung und in seine Heirat mit Monika eingewilligt.

Eindruck des Zuschauers

Der Zuschauer, der die düsteren Warnungen vergisst, kann hier zum ersten Mal einen glücklichen Ausgang des Geschehens vermuten, zumal er in dieser Phase des Geschehens Möbius als völlig normal erlebt. Er kann nur nicht verstehen, dass Möbius so bedrückt und erschreckt auf Monikas Mitteilung reagiert, sie habe die Manuskripte von Möbius von dessen ehemaligem Lehrer überprüfen lassen, kenne deren ungeheuren Wert und sei bereit, Möbius zu helfen und wieder mit ihm in die Öffentlichkeit zurückzukehren.

Aber der Zuschauer bemerkt verwirrt auch die diesem positiven Geschehen zuwiderlaufende Veränderung der Bühnenatmosphäre: „Im Zimmer wird es allmählich dunkel“ (51), heißt es in der Bühnenanweisung, bevor die dennoch überraschende Wendung erfolgt. Mit „Tränen in den Augen“ (53) erdrosselt Möbius Schwester Monika Stettler, die er liebt.

Ermordung Monikas

Der Zuschauer wird mit zwiespältigen Gefühlen in die Pause entlassen. Vom zweiten Akt erwartet er Aufklärung über die Fragen,

Fragen des Zuschauers

- ob die drei Patienten wahnsinnig sind oder nicht,
- ob Möbius die Erscheinung des Königs Salomo hat oder ob er sie nur vortäuscht,
- aus welchem Motiv er Schwester Monika tötet, die ihn liebt und die er nach eigenem Bekunden ebenfalls liebt,
- ob Möbius' Tat mit den Taten der andern beiden Physiker zusammenhängt,
- welche Rolle die Ärztin spielt, die zu Monika sagt, „sie selbst sei verrückter“ als Möbius (51),
- welche Bedeutung die Salomo-Erscheinung für sie hat, wenn sie dem in dieser Hinsicht skeptischen Missionar Rose sagt, als Theologe müsse er „doch immerhin mit der Möglichkeit eines Wunders rechnen“ (33).

Zweiter Akt: Die Tragödie mit der „schlimmstmöglichen Wendung"

KURZINFO

Weitere Enthüllungen und Irreführungen

- Die Mord-Untersuchung des ersten Aktes wiederholt sich mit umgekehrten Vorzeichen. Der Inspektor hat sich in der verkehrten Welt des Irrenhauses zurechtgefunden, tritt selbstbewusst auf und lehnt es ab, Möbius, der die Verantwortung für seine Tat übernehmen will, wegen des Mordes an Schwester Monika zu verhaften.
- Die dritte Szene enthält den inneren und äußeren Höhepunkt des Stückes. Die mittlerweile eingeschlossenen Physiker offenbaren in der zweiten Enthüllungsszene ihre wahre Identität und begründen ihre Morde an den Krankenschwestern. Sie diskutieren das Problem ihrer Verantwortlichkeit in Bezug auf die Verwertbarkeit der Forschungsergebnisse. Möbius gelingt es, seine Kollegen davon zu überzeugen, im Irrenhaus zu bleiben, um die Menschheit vor den schrecklichen Folgen zu bewahren.
- Das scheinbar glückliche Ende verkehrt sich aber überraschend in sein Gegenteil. Die Ärztin zeigt sich in der dritten Enthüllungsszene als die eigentlich Verrückte, die sich in den Besitz von Möbius' Forschungsergebnissen gebracht hat, um die Weltherrschaft zu erringen. Auch die Morde an den Krankenschwestern sind Teil ihres Plans gewesen, um die Rückkehr der Physiker, deren Identität sie kannte, in die Außenwelt zu verhindern.
- In ihren Schlussmonologen ziehen sich die Physiker wieder in ihre alten Rollen zurück und formulieren unterschiedliche Entwicklungsstufen naturwissenschaftlichen Denkens.

Überblick

Da Dürrenmatt Wert auf die Einhaltung der Einheit von Ort, Zeit und Handlung legt, lässt er den zweiten Akt eine Stunde später im gleichen Raum beginnen. Deshalb kann er die Regieanweisung knapp halten und auf die frühere zum ersten Akt verweisen.

Im zweiten Akt erfolgt die Wendung zur Tragödie hin. Er enthält, wie Dürrenmatt in Punkt 3 des Anhangs sagt, die „schlimmstmögliche Wendung" (91) des Geschehens.

Die Aufhebung aller Ordnungen (1.–2. Szene, S. 54–61)

Umkehrsituation

II,1 (S. 54–59). Die ersten beiden Szenen sind eine Wiederholung der ersten beiden Untersuchungsszenen des ersten Aktes, jedoch mit umgekehrten Vorzeichen. Wieder steht der Inspektor mit seinem Gehilfen auf der Bühne und hat einen Mord zu untersuchen. Aber jetzt, und darin liegt der entscheidende Unterschied, hat er sich mit der Tatsache abgefunden, dass in der Irrenanstalt andere Maßstäbe gelten als in der „normalen“ bürgerlichen Welt. Jetzt lehnt er die ihm von der Ärztin angebotene Zigarre und den Schnaps ab. Die Ärztin dagegen scheint Schwierigkeiten mit der Einordnung der Geschehnisse zu haben. Sie spricht von „Mord“ und „Mörder“ (55) und muss sich vom Inspektor auf die für die Anstalt angemessenen Begriffe „Täter“ und „Unglücksfall“ (ebd.) hinweisen lassen. Er hat sich auf die verkehrte Welt des Irrenhauses innerlich eingestellt, tut seine „Pflicht“ und will Möbius noch nicht einmal sehen. Er überlässt ihn der Ärztin „mit den anderen radioaktiven Physikern“ (ebd.) – eine vom Zuschauer noch nicht erkennbare Vorausdeutung auf das Ende des Stücks.

Die Pfleger

Die Krankenschwestern sind jetzt durch „riesenhafte Pfleger“ ersetzt worden, die das „Abendbrot für die lieben Kranken“ bringen (56). Damit sind, wenn auch verspätet, die neuen Sicherheitsvorschriften erfüllt.
Wie am Anfang des ersten Aktes hört man Musik: Einstein spielt Beethovens Kreutzersonate. In diese Pseudo-Idylle stürzt Möbius, ruft nach Monika und behauptet der Ärztin gegenüber, König Salomo habe den Mord befohlen. Der Zuschauer ist irritiert, wenn die Ärztin wiederholt: „Seine Majestät ordnete den Mord an.“ (58) Auf diese Weise bringt sie sich selbst in die Nähe des Möbius'schen Hirngespinstes.

Überlegenheit des Inspektors

II,2 (S. 59–61). Die kurze 2. Szene gibt das Gespräch zwischen Möbius und dem Inspektor wieder und erinnert dadurch ebenfalls an den Beginn des ersten Aktes. Der Inspektor aber ist nicht verwirrt, sondern nachdenklich. Er hat die Problematik der Anwendung üblicher Ordnungsbegriffe in der Irrenanstalt erkannt. Jetzt tritt er so überlegen und selbstbewusst auf wie die Ärztin am Anfang des ersten Aktes und raucht und trinkt ungeniert. Möbius tritt aus seiner Rolle als Irrer heraus, will die Verantwortung für seine Tat übernehmen und bittet den Inspektor, ihn zu verhaften. Aber dieser weigert sich und antwortet so, wie er vorher belehrt worden war: Möbius habe ja auf „Befehl des Königs Salomo gehandelt“ (60). Solange dieser nicht verhaftet werden könne, bleibe Möbius frei. Der Inspektor hat die verkehrten Maßstäbe, die in der Irrenanstalt gelten, übernommen. Der Täter darf seine Tat nicht sühnen, auch wenn er will, weil er diesem verkehrten Ordnungsgefüge angehört.

In seiner Antwort an Möbius begründet der Inspektor sein Verhalten: Er „genießt" (ebd.) die derzeitige Freiheit, die ihm die Irrenanstalt bietet, seine Pflicht als Beamter einmal nicht erfüllen zu müssen, da sie ihm ebenso fragwürdig geworden ist wie der Begriff „Gerechtigkeit". Damit deutet er seine Ohnmacht in Freiheit um:

Fragwürdigkeit der Gerechtigkeit

> „Ich habe drei Mörder gefunden, die ich mit gutem Gewissen nicht zu verhaften brauche. Die Gerechtigkeit macht zum ersten Male Ferien […]." (Ebd.)

Die Geste, die Möbius nach dem Abgang des Inspektors macht, lässt den Zuschauer erneut an dessen Krankheit zweifeln: Möbius „preßt mit den Händen seine Schläfen" (61) – eine Geste der Verzweiflung.

Die Verantwortung des Wissenschaftlers (3. Szene, S. 61–78)

Funktion der 3. Szene: Zweite Enthüllung

Die den beiden Untersuchungsszenen folgende Szene enthält den äußeren und den inneren Höhepunkt des Stücks. In dieser zweiten Enthüllungsszene erfährt der Zuschauer,

- was die drei gesunden Physiker ins Irrenhaus getrieben hat,
- warum sie gemordet haben,
- was die Salomo-Thematik mit der Handlung zu tun hat,
- dass es um die Kernfrage nach der Verantwortung des Wissenschaftlers der Menschheit gegenüber geht,
- welche Antwort auf diese Frage – vorläufig – möglich ist.

Teilszenen

Die Szene lässt sich in zwei Gesprächssituationen untergliedern:

1. Die Physiker enthüllen ihre wahre Identität. Gespräch mit Möbius (S. 61–68).
2. Überzeugungsarbeit von Möbius, der die andern beiden dazu bewegen kann, im Irrenhaus zu bleiben (S. 68–78).

II,3.1. Die Enthüllung des wahren Sachverhalts erfolgt, wie auch in andern Werken Dürrenmatts üblich, bei einem reichhaltigen Abendessen, das, vom Ende des Geschehens her betrachtet, auf die Beteiligten und auf die Zuschauer wie eine „Henkersmahlzeit" (66) wirkt.

Newton enthüllt seine Identität

Zuerst gesteht Newton Möbius, dass er „nicht verrückt" sei (62), sondern den Verrückten nur gespielt habe. Er sei in Wirklichkeit Alec Jasper Kilton, der bekannte Physiker und „Begründer der Entsprechungslehre" (ebd.). Er habe sich im Auftrag seines Geheimdienstes (des amerikanischen, wie der Zuschauer vermuten kann) in die Anstalt „eingeschlichen" (ebd.), um Möbius, den er für den „größten Physiker aller Zeiten" (64) hält, aus der Anstalt „zu entführen" (ebd.). Er habe seine Krankenschwester töten müssen, da sie ihn „nicht mehr für verrückt" hielt und er seinen „Wahnsinn durch einen Mord endgültig" beweisen musste (63). Er habe nicht anders handeln können, denn „Befehl ist Befehl" (ebd.).

Einstein enthüllt seine Identität

Dieser Enthüllung folgt die nächste: Einstein kommt hinzu und stellt sich als Joseph Eisler vor, den bekannten „Entdecker des Eisler-Effekts" (64). Er ist Agent des anderen (des östlichen) Geheimdienstes, hält Möbius für „den größten aller Physiker" (66) und will ihn ebenfalls in seine Gewalt bringen. Er habe Schwester Irene getötet, weil sie „Verdacht geschöpft" habe (65). Auch er lehnt jede persönliche Verantwortung ab und beruft sich auf den Befehlsnotstand: „Befehl ist Befehl." (Ebd.)

II,3.2. Die im zweiten Teil der dritten Szene stattfindende Auseinandersetzung zwischen den drei Physikern (68–78) bildet den gedanklichen Höhepunkt des Geschehens.

Gedanklicher Höhepunkt

Möbius diskutiert mit seinen beiden Kollegen die Möglichkeit, in der heutigen Welt naturwissenschaftlich forschen zu können. Jeder von ihnen hat andere Argumente. Dabei registrieren sie die neuen Sicherheitsmaßnahmen: Das Zimmer wird vergittert und erinnert an ein Gefängnis.

Unterschiedliche Ansichten und Ziele der Physiker

Möbius will im Gegensatz zu seinen beiden Kollegen „nicht fliehen" und ist erstaunlicherweise mit seinem „Schicksal zufrieden" (68). Newton und Einstein dagegen wollen weg und Möbius zu ihrem jeweiligen Auftraggeber mitnehmen. Es sei seine Pflicht, so meinen sie übereinstimmend, seine Entdeckungen der Menschheit zur Verfügung zu stellen, da sie nicht privater Natur, sondern Allgemeingut seien. Newton lockt Möbius mit der Aussicht auf den Nobelpreis. Von Möbius auf das Problem der Verantwortung des Wissenschaftlers angesprochen, meint er, dass man in Ruhe wissenschaftliche Arbeit innerhalb eines Staates leisten müsse und optimale Arbeitsbedingungen gewährleistet bekomme. Was die Menschen mit den Forschungsergebnissen anstellten, sei nicht Sache der Wissenschaftler.

Newton

Einstein

Einstein stimmt diesen Thesen nicht ganz zu. Er vertritt den Standpunkt, die Wissenschaftler müssten entscheiden, zu wessen Gunsten sie ihre „Wissenschaft anwenden“ (70). Wenn die Wissenschaftler diese Entscheidung getroffen hätten, könnten sie auch Bedingungen stellen. Im Übrigen müsse jedes politische System den Wissenschaftlern Freiheit und optimale Arbeitsbedingungen gewähren, was es auch tue.

Möbius

Möbius hat die Möglichkeit, sich frei für eine politische Richtung zu entscheiden, und seine Kollegen sind von seiner Entscheidung abhängig. Er will seine Entscheidung sorgfältig überlegen, „weil ein Fehlschluß zur Katastrophe führen müßte“ (72). Er sieht die unterschiedlichen Schwerpunkte: Kilton wolle der Physik „die Freiheit bewahren“, streite ihr aber „die Verantwortung ab“. Eisler dagegen verpflichte die Physik „der Machtpolitik eines bestimmten Landes“ (ebd.).

Abhängigkeit der Wissenschaftler

Auf seine Fragen hin müssen Newton und Einstein zugeben, dass ihr jeweiliges politisches System den Wissenschaftlern keinen politischen Einfluss gewährleistet: Newtons Staat bietet ideale Arbeitsbedingungen für die Wissenschaftler, die allerdings Auftragsarbeit leisten und keinerlei Einfluss auf die Verwertung ihrer Forschungsergebnisse haben. Eislers Auftraggeber verlangen von den Physikern, dass sie „zugunsten einer Partei“ auf Kontrolle über die Verwertung ihrer Ergebnisse verzichten. Er als Wissenschaftler kann nur „hoffen, die Partei befolge meine Ratschläge, mehr nicht“ (73).

Möbius' Entscheidung für den Rückzug ins Irrenhaus

Möbius erkennt, dass beide Kollegen ihn in eine Situation bringen würden, in der es zur Ausnutzung seiner Forschungsergebnisse käme, ohne dass er selbst Einfluss darauf hätte – und gerade einer solchen Situation glaubte er sich durch seinen Rückzug ins Irrenhaus entzogen zu haben. Deshalb will er bleiben, wo er ist; das Irrenhaus gibt ihm, wie er zu diesem Zeitpunkt noch meint, „wenigstens die Sicherheit, von Politikern nicht ausgenützt zu werden“ (ebd.). Er gibt seinen beiden Kollegen die Motive an, die ihn zu seiner Entscheidung bewogen haben. Er fühlt sich nicht einem Staat, sondern der gesamten Menschheit gegenüber verantwortlich, da es, wie er meint, Risiken gebe, „die man nie eingehen darf: der Untergang der Menschheit ist ein solches“ (73). Aus dieser Einsicht heraus hat er Karriere und Familie aufgegeben, „die Narrenkappe“ gewählt (74) und das Erscheinen des Königs Salomo vorgegeben, so dass er in die Anstalt gesperrt wurde.

Möbius' Beeinflussung seiner Kollegen

Aber Möbius erklärt nicht nur seine Motive, er geht auch in die Offensive und will seine beiden Kollegen bewegen, aus Gründen der Vernunft und aus Verantwortung sich seiner Verweigerung anzuschließen. Er verweist darauf, dass die Wissenschaft „schrecklich“, die Forschung „gefährlich“ und die Erkenntnis „tödlich“ geworden seien (ebd.). Die einzige Möglichkeit für einen sich zu seiner Verantwortung bekennenden Wissenschaftler bestehe in der „Kapitulation vor der Wirklichkeit“ (ebd.). Dies bedeute, dass er sein Wissen zurücknehmen müsse. Er, Möbius, habe dies getan, und seine beiden Kollegen sollten dies ebenfalls tun. Möbius schließt den ersten Teil seiner Argumentation mit der paradoxen Formulierung: „Nur im Irrenhaus sind wir noch frei. […] In der Freiheit sind unsere Gedanken Sprengstoff“ (75). Newton und Einstein haben zwar keine Gegenargumente, aber sie wollen als Nicht-Verrückte nicht im Irrenhaus bleiben. Da erinnert sie Möbius an ihre Morde, also an ihre Schuld, die sie für ihren „bestimmten Zweck“ (ebd.) auf sich geladen haben. Er selbst habe „getötet, damit nicht ein noch schrecklicheres Morden anhebe“ (75). Käme sein Wissen doch an die Öffentlichkeit, so seien die drei Morde sinnlos gewesen, und die verrückten „Täter“ würden zu normalen „Mördern“. Der Mord an den Schwestern habe nur dann einen Sinn, wenn die Physiker das Opfer ihrer Gefangenschaft brächten. Dadurch sühnten sie einmal ihre persönliche Schuld, vor allem aber bewahrten sie die Menschheit vor den schrecklichen Folgen ihrer Entdeckungen.

Schuld der Physiker

Entschluss der Physiker

Es gelingt Möbius tatsächlich, seine Kollegen von seinem Standpunkt zu überzeugen. Beide Physiker ringen sich dazu durch, ihr persönliches Glück dem der Menschheit zu opfern und sich Möbius anzuschließen. Sie wollen freiwillig in der Anstalt bleiben, und zwar, wie Möbius meint, wegen der „kleinen Chance [...], die nun die Welt doch noch besitzt davonzukommen" (77). Die drei Physiker trinken in einem feierlichen Akt auf die drei toten Krankenschwestern, besonders aber auf Schwester Monika, deren Tod jetzt einen Sinn hat, und wollen sich „wieder in Verrückte" verwandeln.

Das Stück scheint so ein glückliches Ende zu nehmen, wie es den Erwartungen der Zuschauer und dem traditionellen Drama entspricht: Der Held opfert sich – mit Gleichgesinnten, die er überzeugt hat – in freier Entscheidung für die Menschheit und sühnt damit auch seine persönliche Schuld. Damit hat er die gestörte Weltordnung in sich selbst wiederhergestellt.

Das Scheitern des Einzelnen
(4. Szene, S. 78–85)

Dritte Enthüllung

Aber das glückliche Ende entlarvt sich als Illusion. Die 4. Szene bringt die, wie Dürrenmatt sagt, „schlimmstmögliche Wendung", und zwar in Gestalt der Irrenärztin. Sie ist die eigentlich Verrückte, hat sich Möbius' Wissen angeeignet und will damit die Weltherrschaft erringen. Dies ist die dritte und folgenreichste Enthüllung des Stücks.

Bedrohliche Atmosphäre

Die Atmosphäre verändert sich zu Beginn der Szene bedrohlich. Die Pfleger tragen schwarze Uniformen und Pistolen, das Bild des Vaters der Ärztin, des Geheimrates und Wirtschaftsführers, wird ersetzt durch das Bild ihres Großvaters, eines Generals. Dadurch wird eine düster-militärische Stimmung vermittelt.

Lyrische Sprache

Im Gegensatz dazu steht die fast lyrische Sprache der Physiker, die von der Ärztin herbeordert werden. Sie kommen „verklärt" an, sprechen von der „geheimnisvollen", „glücklichen", „andächtigen Nacht", die „tröstlich und gut" sei. Offensichtlich haben sie durch ihre Entscheidung den inneren Frieden gefunden, denn „die Fragen sind verstummt" (79), so meinen sie.

Aber dem Zuschauer bleibt nicht viel Zeit, sich dieser gelösten Stimmung hinzugeben. Die Ereignisse überschlagen sich: Die Ärztin tritt jetzt herrisch auf, spricht amtlich-streng mit Möbius, nennt Newton und Einstein mit ihren richtigen Namen Kilton und Eisler, lässt sie von den Pflegern entwaffnen und sie dann wie bei einem Verhör „in ein blendendes Licht tauchen" (81). Nachdem die Pfleger auf Geheiß der Ärztin den Raum verlassen haben, offenbart sie sich den verblüfften Physikern und Zuschauern als die eigentlich Verrückte. Auch ihr sei der „goldene König Salomo erschienen" (81), enthüllt sie und beantwortet damit die Fragen der Zuschauer, warum die Nennung Salomos durch Möbius im ersten Akt Eindruck auf sie machte. Möbius hätte eigentlich in Salomos Namen auf Erden herrschen sollen, so sagt sie, aber er habe den König verraten, da er zu verschweigen suchte, „was nicht verschwiegen werden konnte". Möbius habe nicht beachtet, dass „alles Denkbare [...] einmal gedacht" wurde (82). Sie folgte „Salomos" Befehl unter Missbrauch ihrer Stellung als Ärztin, kopierte die Aufzeichnungen von Möbius und wertete sie wirtschaftlich aus. Dabei weiß sie sich sicher vor Möbius: Durch seinen Mord an der Krankenschwester gilt er in der Öffentlichkeit als verrückt. Die entsetzten Physiker erfahren nun von der Ärztin, dass die Liebe der Krankenschwestern zu ihnen ein Teil ihres teuflischen Plans war, die Physiker zu Mördern zu machen und damit ihre Rückkehr in die Außenwelt zu verhindern.

Die Ärztin als eigentlich Verrückte

Die Ärztin beschreibt die paradoxe Situation: Möbius will seine Forschungsergebnisse der Welt vorenthalten, um die Gefahr des Missbrauchs zu vermeiden, aber gerade dadurch fallen diese Ergebnisse in die Hand einer Verrückten, die sie missbraucht, um die Weltherrschaft zu erringen. Damit ist das verantwortliche Handeln der Physiker sinnlos geworden, und zwar durch das planvolle Handeln einer machtbesessenen, unfruchtbaren „alten buckligen Jungfrau" (85) voller Minderwertigkeitskomplexe, die sich vom König Salomo erwählt glaubt.

Die „schlimmstmögliche Wendung"

Nach dem Eintreten dieser „schlimmstmöglichen Wendung" kann Möbius nur noch resigniert feststellen: „Was einmal gedacht wurde, kann nicht mehr zurückgenommen werden." (Ebd.)

Die Bestandsaufnahme (5. Szene, S. 85–87)

Schlusswort der Physiker

Dürrenmatt lässt sein Drama damit schließen, dass sich die Physiker „einfach dem Publikum“ vorstellen (85) und eine Art Schlusswort sprechen. Dabei ziehen sie sich wieder in ihre alten Rollen zurück. Möbius' Kollegen treten als Newton und Einstein auf, während sich Möbius voll mit dem König Salomo identifiziert. Sie geben in ihren Schlussmonologen eine Art Bestandsaufnahme:

„Newton“

„Newton“ nennt biografische Daten und wissenschaftliche Leistungen seiner Identifikationsfigur. Sein Kernsatz ist: „Hypotheses non fingo“ (86), d. h., ich stelle keine Behauptungen auf. Damit will er deutlich machen, dass der Naturwissenschaftler sich auf das Erfahrbare, Tatsächliche zu beschränken hat.

„Einstein“

Auch „Einstein“ gibt biografische und historische Informationen über den Physiker, dessen Rolle er angenommen hat. Sein Bekenntnis geht weiter als das von „Newton“. Er stellt sich als künstlerisch interessierter Mensch voller Menschenliebe dar, dessen Forschungsergebnisse machtpolitisch missbraucht worden sind. Auf seine „Empfehlung hin baute man die Atombombe“ (86).

Möbius: Identifikation mit Salomo

Möbius identifiziert sich jetzt mit König Salomo und bekennt als solcher seine Schuld: Ursprünglich war Salomo der reiche, weise und gottesfürchtige „Fürst des Friedens und der Gerechtigkeit“ (ebd.). Aber diese Weisheit hat die Gottesfurcht zerstört. Damit ist das ihm anvertraute Reich eine „blauschimmernde Wüste“ (87) geworden. Möbius umschreibt mit diesem Bild und mit seiner Vision von der kreisenden „radioaktive[n] Erde“ (ebd.) die Zerstörung der Welt durch die Auswirkungen der modernen Naturwissenschaften. So ist aus dem ehemals reichen König Salomo der „arme König Salomo“ (ebd.) geworden, ein einstmals Mächtiger ist ins Elend geraten.

Stufen naturwissenschaftlichen Denkens

Die drei Monologe stehen für unterschiedliche Entwicklungsstufen naturwissenschaftlichen Denkens:

- Newton glaubte an die positiven Möglichkeiten naturwissenschaftlichen Denkens und sah noch keine negativen Folgen.
- Einstein führte die Forschung weiter und erkannte, dass er damit auch die Möglichkeit zur Massenver-

nichtung geschaffen hatte, die er als Wissenschaftler trotz seiner Menschenliebe nicht mehr kontrollieren konnte.
- Möbius entwirft die schreckliche Zukunftsvision einer durch die negativen Folgen menschlichen Denkens und Forschens zerstörten Welt.

Der Zuschauer kann sich die weitere Entwicklung vorstellen.

2 Analyse und Interpretation

Personenkonstellation

KURZINFO

Die Umkehrung von Schein und Sein

- Der Physiker Möbius ist die herausragende Figur. Er hat sich ins Irrenhaus zurückgezogen, weil er sich seiner Verantwortung für die Menschheit als Wissenschaftler bewusst ist und seine Forschungsergebnisse nicht in die Hände verantwortungsloser Mächte fallen lassen will.
- Seine beiden Kollegen Beutler und Ernesti, die sich Newton und Einstein nennen, in Wirklichkeit aber die bekannten Physiker Kilton und Eisler sind, verkörpern jeweils den Typ des Wissenschaftlers, der sich nicht für die Folgen seines Tuns verantwortlich fühlt und sich opportunistisch in den Dienst der Mächtigen stellt. Dabei steht Newton für das westliche und Einstein für das östliche Gesellschaftssystem.
- Möbius gelingt es, seine Kollegen von seinem Standpunkt zu überzeugen und zum Verbleib im Irrenhaus zu bewegen, um die Menschheit zu retten.
- Die Nervenärztin Mathilde von Zahnd ist Möbius' Gegenspielerin. Sie hat ihn durchschaut, sich in den Besitz seiner Forschungsergebnisse gebracht, strebt nach der Weltherrschaft und hält die Physiker gefangen. Damit ist deren Entscheidung sinnlos geworden.
- Der Polizeiinspektor vertritt das bürgerliche Rechtssystem und zieht sich zurück, weil er scheitert.
- Möbius' ehemalige Frau, seine Kinder und ihr jetziger Mann erhellen die Vergangenheit und verkörpern die kleinbürgerliche Lebensweise.
- Die Krankenschwester Monika wird von Möbius umgebracht, weil sie ihn durchschaut hat und mit ihm aus Liebe das Irrenhaus verlassen will.

Figuren als Typen

Dürrenmatt gestaltet keine Charaktere, sondern modellhafte Figuren. Seine Personen sind Typen, die bestimmte Verhaltensweisen verdeutlichen sollen.

Die Physiker

Möbius

Möbius ist die herausragende Gestalt unter den drei Physikern. Sein Auftreten verleiht den betreffenden Szenen Gewicht und Bedeutung. Zum ersten Mal tritt er auf, als seine ehemalige Frau samt Kindern und neuem Mann sich verabschieden will, und sorgt mit seinem gespielten Tobsuchtsanfall und seinem „Psalm Salomos" für einen Eklat. Im Gespräch mit Schwester Monika gewinnt sein Charakter schon einige Konturen. Er enthüllt ihr, dass sein Tobsuchtsanfall geplant war und als humaner Akt angesehen werden soll: „Meine Familie kann mich nun mit gutem Gewissen vergessen.“ (44) Nach diesen Äußerungen und nach seinen Warnungen an Monika vor ihrer Ermordung – „Sie rennen in Ihr Verderben.“ (46) – vermutet der Zuschauer auch hinter der Mordtat eine ihm noch nicht bekannte Absicht. Er wird allerdings in die Pause entlassen, ohne sie zu kennen. Erst im zweiten Akt erfährt er von Möbius' verantwortungsvollem Rückzug ins Irrenhaus und von dem Grund dafür. Rückblickend erkennt der Zuschauer, aus welchem Grund Möbius den Mord für notwendig hielt.

Möbius' zentrale Stellung

Besonders im zweiten Akt wird Möbius' zentrale Stellung deutlich, als er seine beiden Kollegen, die ihn für ihr jeweiliges Herrschaftssystem gewinnen wollen, davon überzeugen kann, sich ebenfalls der Forschung zu verweigern und im Irrenhaus zu bleiben. Beide Physiker finden die moralische Kraft, sich aufgrund von Möbius' Argumenten von ihren Auftraggebern und den von diesen vertretenen politischen Systemen zu lösen sowie sich zu ihrer Schuld und zu ihrer Verantwortung zu bekennen. Sie tun dies, bevor sie wissen, dass sie sich in der Gewalt der Ärztin befinden und keine Entscheidungsmöglichkeit mehr haben.

Newton und Einstein als Typen

Möbius ist sich von Anfang an seiner Verantwortung für die Menschheit bewusst. Seine Kollegen Newton und Einstein dagegen werden erst durch seinen Appell zu dieser Haltung gebracht. Beide verkörpern gleichermaßen den Typ des Wissenschaftlers, der sich opportunistisch in den Dienst der Mächtigen stellt und sich nicht zur Verantwortung für die Folgen seines Tuns bekennt. Sie stellen dabei unterschiedliche Akzentuierungen dieses Typs dar, entsprechend dem – westlichen (Newton) oder östlichen (Einstein) – Gesellschaftssystem, das sie jeweils vertreten.

Beide bedauern zwar die Ermordung ihrer Krankenschwestern, rechtfertigen sich aber dadurch, dass auf diese Weise ihr Inkognito als Agent gewahrt bleibt. Sie weisen persönliche Schuld von sich, verstecken sich hinter Handlungszwang (vgl. 63) und „Befehl“ (65) und ziehen sich hinter eine anonyme Macht zurück. Dadurch unterscheiden sie sich von Möbius, der Schwester Monika tötet, um aus Verantwortung gegenüber der Menschheit nicht mehr seine wissenschaftliche Tätigkeit ausüben zu müssen.

Newton

Newton (Beutler, Kilton) geht es um die „Freiheit der Wissenschaft“ (70), und es ist ihm gleichgültig, wer diese Freiheit garantiert. Er sieht nicht die Abhängigkeit der Wissenschaft von der politischen Macht. Die Verantwortung für die Folgen seiner Erfindungen schiebt er auf die „Menschheit“, was immer man darunter versteht: „Ob die Menschheit den Weg zu gehen versteht, den wir ihr bahnen, ist ihre Sache, nicht die unsrige.“ (Ebd.)

Einstein

Einstein (Ernesti, Eisler) sieht durchaus seine Verantwortung für die Folgen wissenschaftlicher Ergebnisse, aber er hat sich entschieden, auf seine Macht „zugunsten einer Partei“ (73) zu verzichten – gemeint ist wohl die kommunistische Partei. Diese könne das Wissen für ihre „Machtpolitik“ (72) benutzen, ohne dass er selbst, wie er zugeben muss, noch irgendeinen Einfluss ausüben, sondern „nur hoffen“ (73) kann, dass die Partei seine Ratschläge befolgt.

Scheitern der Physiker

Aber die Wirklichkeit in Gestalt der wahnsinnigen Ärztin hat die Physiker schon längst überholt. Dadurch sind Möbius' Opfer und der von Verantwortung getragene Entschluss zur Verweigerung absurd geworden. Möbius und seinen beiden Kollegen bleibt nichts anderes übrig, als ihre Rolle als Irre wieder anzunehmen.

Die Ärztin

Zu Beginn typische Vertreterin ihres Berufsstandes

Als Gegenspielerin von Möbius tritt „Fräulein Doktor Mathilde von Zahnd“ auf. Am Anfang des Geschehens reiht sie sich selbst in die Gruppe der Irrenärzte ein, die „hoffnungslos romantische Philanthropen“ bleiben (24). Sie verhält sich anfangs durchaus so, wie man es von einer Vertreterin ihres Berufsstandes erwartet: Sie hat Mitgefühl mit ihren Kranken, beruhigt den „kranken“ Mörder Einstein durch Klavierbegleitung, legt Wert auf ihren ärztlichen Ruf (vgl. 27), verfügt über Selbstironie, hat großes Verständnis für die zweite Heirat von Möbius ehemaliger Frau, erteilt gern die Genehmigung zum „Familientreffen“ (32), ist „kein Unmensch“ (35), als Frau Rose erklärt, für ihren früheren Mann den Aufenthalt im Irrenhaus nicht mehr zahlen zu können, und scheint nach dem Mord an Schwester Monika ihren medizinischen Ruf verloren zu haben (vgl. 56).

Andeutungen

Dürrenmatt macht zwar einige Male Andeutungen in Bezug auf den eigentlichen Charakter der Ärztin, ermöglicht aber dem Zuschauer immer wieder, in seine gewohnte und beruhigende Vorstellung von einer humanen Ärztin zurückzufallen. Aber schon früh, im Gespräch mit dem Inspektor, fällt ein Satz, der erst rückblickend seinen wahren Sinn enthüllt: „Für wen sich meine Patienten halten, bestimme ich." (25) Assoziationen von Willkür über Menschen, von Macht über Abhängige, von Menschenverachtung und Menschenvernichtung werden beim Zuschauer hervorgerufen. Dann spielt sie wieder die Rolle der verstehenden Ärztin: „Ich kenne sie [die Patienten] weitaus besser, als sie sich selber kennen." (Ebd.) Wieder erkennt der Zuschauer erst rückblickend, was die Ärztin gemeint hat: Sie hat Möbius durchschaut und ihn ihren eigenen Zielen dienstbar gemacht.

Fast bis zum Ende des Geschehens hält die Irrenärztin ihre „normale" Rolle durch. Nur bei einer Gelegenheit ist sie in Gefahr, sich zu verraten. Als Möbius sich zur Begründung seines Mordes an Schwester Monika auf den König Salomo beruft, reagiert sie eigenartig: „Der König Salomo … *Sie setzt sich wieder. Schwerfällig. Bleich* Seine Majestät ordnete den Mord an." (58) Aus ihrer Reaktion kann der Zuschauer erkennen, dass mit ihr etwas nicht stimmt. Aber zu diesem Zeitpunkt glaubt er ihr vielleicht, wenn sie ihr eigentümliches Verhalten auf ihre „Nerven" (ebd.) zurückführt.

Die Ärztin als Psychopathin

In der letzten Enthüllungsszene erkennt der Zuschauer dann schockartig das eigentliche Wesen der Ärztin, einer machtgierigen, hysterischen Psychopathin, die sich selbst als „letzte Normale" ihrer Familie ansieht, als „unfruchtbar", als „alte, bucklige Jungfrau" (85), für die Realität ist, was bei Möbius Maske war: die Vision vom König Salomo, der sie, wie sie meint, statt des „Verräters" Möbius zur Weltherrschaft erwählt hat. Sie hat deshalb keine Skrupel, das zu tun, was Möbius nicht wollte, nämlich dessen Forschungsergebnisse für ihre Ziele und zum Verderben der Menschheit auszuwerten. Ihre Verrücktheit ist so raffiniert, dass sie nicht nur Möbius und den Inspektor, sondern auch die Physiker-Agenten Kilton und Eisler täuschen kann. In Möbius und seinen Kollegen hat sie keine gleichwertigen Gegenspieler und gewinnt durch ihre teuflische Vollkommenheit übermenschliche Züge.

Groteske Figur

Einmal steht sie stellvertretend für den „militärisch-industriellen Komplex", der in allen Staaten nach Machtpolitik und Weltherrschaft strebt. Darüber hinaus wird sie im Verlauf des Geschehens zu einer grotesken Gestalt stilisiert, bei deren Anblick die anfängliche Sympathie des Zuschauers am Ende in Entsetzen und Grauen umschlägt. Ihre „Ungestalt" und Abnormität wird durch ihre Buckligkeit symbolisiert. Sie erscheint als ein fast außerirdisches Wesen, als ein weltbestimmendes Prinzip, das über Wohl und Wehe der Menschheit bestimmen kann, als Inkarnation des Bösen. Ihre Gegenspieler können demnach keine einzelnen Personen sein, sondern große Gruppen oder Mächte. Ihr eigentlicher Gegenspieler ist deshalb nicht Möbius, sondern die Welt, die sie beherrschen will. Die drei Physiker sind für sie nur „Automaten" und „Henker" (84), die sie für ihre Zwecke benutzt und missbraucht.

Die Nebenfiguren

Der Inspektor

Neben diesen zwei bzw. vier Hauptpersonen, wenn man die beiden Kollegen von Möbius mitrechnet, haben es die übrigen Figuren schwer. Allein der Inspektor hat zwei Auftritte, je einen zu Beginn der beiden Akte. Er verkörpert die „normale" bürgerliche Ordnung, die durch die Verkehrung der Welt im Irrenhaus völlig durcheinandergebracht ist. Er kann sich aber darauf einstellen und zieht sich deshalb aus seiner Verantwortung für die Gerechtigkeit zurück: So braucht er wegen des aufreibenden Dienstes an der Gerechtigkeit „einfach eine Pause" (61).

Die Rollen der Oberschwester Marta Boll, die der Pfleger, die in ihren schwarzen Uniformen und mit ihren Pistolen KZ-Wächtern ähneln, und die der stummen Polizisten sind eher Statistenrollen. Nur Schwester Monika Stettler und Familie Rose gewinnen noch eine gewisse Bedeutung für die Bewertung des Geschehens. Dies zeigt auch der Textumfang ihrer Rollen.

Der Auftritt der Familie Rose umfasst die zweite große Szene des zweiten Aktes. Er hat verschiedene Funktionen:

Statisten Familie Rose

- Möbius' erstes Auftreten wird motiviert.
- Seine Biografie wird dem Zuschauer mitgeteilt, und er selbst wird mit seiner Vergangenheit konfrontiert.
- Dabei wird dem Zuschauer vor Augen geführt, welche Opfer Möbius seiner Frau zugemutet hat: Sie hat sein Studium finanziert; nachdem er hätte verdienen können, wurde er „krank", und seine Frau musste „Unsummen zahlen" (34), um seinen Aufenthalt im Irrenhaus zu bezahlen und um sich und die Kinder durchzubringen.

Der Zuschauer merkt, dass Frau Rose trotz der für ihren Mann erbrachten Opfer Schuldgefühle verspürt, weil sie sich wieder verheiratet hat und wegzieht. Er erkennt aber auch, dass die Familie Rose vor allem durch groteske Überzeichnung die Lächerlichkeit kleinbürgerlicher Verhaltensweisen in der von atomarer Vernichtung bedrohten Welt veranschaulichen soll.

Schwester Monika

Anders ist dies bei Schwester Monika Stettler. Sie wird im Ansatz realistisch gezeichnet und verkörpert die Welt, die Möbius früher verlassen und nach dem brutalen Abschied von seiner früheren Familie wegen seines Zieles endgültig aufgegeben hat. Monika liebt Möbius, und er erwidert offensichtlich dieses Gefühl. Aus ihrer zuerst karitativen Zuwendung zum „Patienten" Möbius wird Liebe, zu der auch Opferbereitschaft gehört. Sie will sich „für jemanden allein aufopfern" und für ihren „Geliebten dasein" (49 f.). Sie will Möbius helfen, wieder in die Gesellschaft zurückzukehren und seine wissenschaftliche Tätigkeit wieder aufzunehmen. Vorbereitungen dazu hat sie – unglückseligerweise – schon getroffen. Sie identifiziert sich sogar mit Möbius' Vorstellung vom König Salomo, um ihm die Ausschließlichkeit ihrer Liebe zu zeigen: „Ich bin da, dir zu helfen, mit dir zu kämpfen, der Himmel, der dir Salomo schickte, schickte auch mich." (52)

Die Liebe zwischen Monika und Möbius

Aber gerade dieses aufopferungsvolle Verhalten lässt sie zu einer Gefahr für Möbius werden. Er opfert sein privates Glück und seinen wissenschaftlichen Ruhm für die Menschheit, Monika will sich für den Menschen aufopfern, den sie liebt. Darin liegt ihre „Tragik": Weil sie

Monikas „Tragik"

liebt, wird sie umgebracht. Auch dies ist ein Zeichen für die Perversität der heutigen Welt. Möbius ermordet sie und verzichtet damit auf die letzte Möglichkeit zu privatem Glück, da nur so sein Opfer sinnvoll ist und die Welt vor der Katastrophe bewahrt werden kann, wie er meint. Er handelt unmenschlich um seines großen Zieles willen.

Der Zuschauer erkennt, dass in einer chaotischen Welt, in der sich niemand verantwortlich fühlt, der Rückzug ins Privatleben nicht möglich ist – ja, dass er mit Schuldigwerden verbunden ist.

Die Personenkonstellation

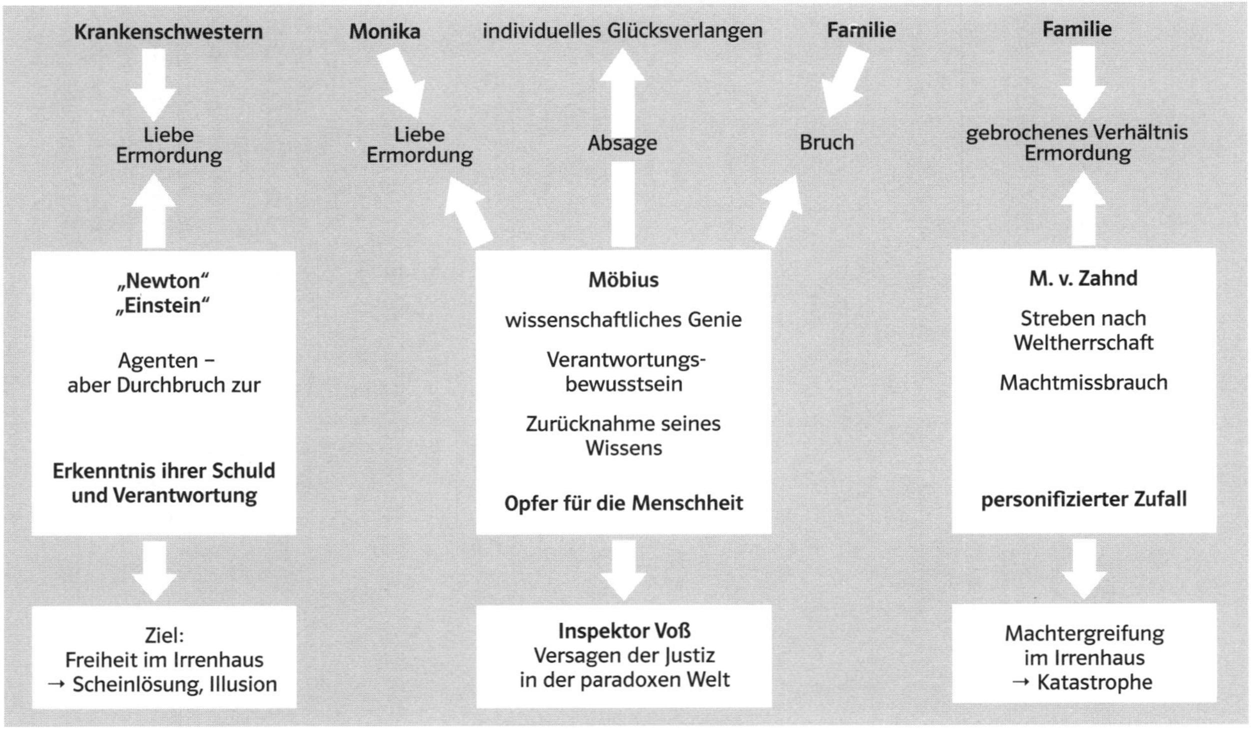

Themen und Probleme

Wissenschaft und Verantwortung

KURZINFO

Die „Tragik der Sinnlosigkeit"

- Der Abwurf der Atombombe über Hiroshima 1945 zeigt die Verkehrung von wissenschaftlichem Triumph in Verbrechen.
- Auch moderne wissenschaftliche Fortschritte wie z. B. auf dem Gebiet der Gentechnik oder der Kommunikation verbessern nicht nur die Lebensweise vieler Menschen, sondern können unabsehbare schädliche Folgen haben und stellen die Frage nach der Verantwortung des Wissenschaftlers.
- Der Begriff der „reinen" Wissenschaft ist problematisch, da in unserer undurchschaubar gewordenen Welt Sachzwänge, politische Einflussnahme und militärische Nutzung der Forschungsergebnisse nie ausgeschlossen werden können.
- Nach Hiroshima verkehrte sich unter dem Druck der politischen und militärischen Entwicklung die frühere relative Freiheit der Wissenschaftler in Abhängigkeit von den politischen Systemen und vom einzelnen Staat.
- Allerdings setzt bei vielen Naturwissenschaftlern eine Neubesinnung ein. Sie bekennen sich zu ihrer gesellschaftlichen und moralischen Verantwortung für die Ergebnisse ihrer Forschung.
- Dürrenmatt gestaltet in seinem Stück das Problem der Verantwortung der modernen Naturwissenschaftler der Menschheit gegenüber. Der Physiker Möbius, der seine Forschungsergebnisse wegen der Gefahr ihres Missbrauchs zurücknehmen will, zieht sich ins Irrenhaus zurück.

Die Entstehung des Problems

Hiroshima

Der US-amerikanische Abwurf der Atombombe über Hiroshima am 6. August 1945 hat die Menschen mehr bewegt als irgendein anderes schreckliches Ereignis der jüngeren Geschichte. Diese ungeheure Wirkung erklärt sich daher, dass zum ersten Male in der Geschichte der Menschheit der Glaube an den wissenschaftlichen und technischen Fortschritt nachhaltig erschüttert wurde. Die getöteten Hunderttausende von Menschen und die Vernichtung der Städte Hiroshima und Nagasaki (9. August 1945) sind Symbol für den Umschlag von wissenschaftlichem Triumph in Verbrechen. Unermessliche Energie, die aus damaliger Sicht das Leben der Menschen entscheidend hätte verbessern können, war zur Massenvernichtung verwendet worden.

Das Paradoxe an diesem Geschehen ist, dass der Anstoß zur Entwicklung dieser furchtbaren Waffen von einem überzeugten Pazifisten kam: von dem genialen Physiker und Nobelpreisträger Albert Einstein (1879–1955). Er hatte Angst, die deutschen Physiker könnten zuerst eine Atombombe konstruieren, und drängte deshalb den amerikanischen Präsidenten, ihnen mit dem „Manhattan-Projekt" zuvorzukommen. Von diesem Zeitpunkt an beginnt eine neue Qualität der Vernichtungswaffen und Vernichtungsmöglichkeiten. Zu diesen Waffen gehören solche, die die nuklearen an Furchtbarkeit möglicherweise noch übertreffen: biologische und chemische Waffen.

Einstein und die A-Bombe

Aber nicht nur diese Waffen, sondern auch die moderne Gentechnik, also die gezielte Veränderung der Erbstruktur, zeigt besonders deutlich die Gefahren der wissenschaftlichen und technischen Entwicklung unserer Zeit. Sie verdeutlicht die Problematik einer Wissenschaft, deren Tätigkeit sich letztlich gegen die Natur richtet. Deshalb stellt sich immer mehr Wissenschaftlern die Frage nach der Verantwortbarkeit des technisch Machbaren und der Verantwortung den Menschen gegenüber. Die unbestrittenen Erfolge von Wissenschaft und Technik – Verlängerung des Lebens, Erleichterung der täglichen Arbeit, Erhöhung von Komfort und Wohlstand – verhindern jedoch oft eine kritische Reflexion über ihre Methoden und Zielsetzungen.

Gefahren durch die moderne Wissenschaft

Das war schon immer so. Wissenschaft galt lange als zweckfreie und wertneutrale Tätigkeit, die sich um Fragen der praktischen Verwertung und Verantwortlichkeit nicht zu kümmern braucht und jenseits von Gut und Böse steht. Mit diesem Verzicht auf Werturteile hatten sich die Naturwissenschaftler in den Anfangszeiten ihrer Wissenschaft eine Art Asyl verschafft, das sie vor der kirchlichen Inquisition schützen sollte. Dies hat jedoch zu einer Entmoralisierung der Wissenschaft geführt.

Wertfreiheit der Wissenschaft

Begriffe wie „voraussetzungslose" oder „reine" Forschung wurden von Wissenschaftlern der ersten Hälfte des 20. Jahrhunderts gern und oft verwendet. Gemeint ist damit einerseits die Verpflichtung der Wissenschaftler, vorurteilslos am Gegenstand ihres Forschungsinteresses zu arbeiten. Dies ist die notwendige Voraussetzung für jede wissenschaftliche Forschung und erfordert hohes Ethos.

„Reine" Forschung

Andererseits wird der Begriff heute von Wissenschaftlern oft dazu verwendet, die Verantwortung für die militärischen, politischen und sozialen Folgen wissenschaftlicher Forschungen nicht selbst zu übernehmen, sondern anderen zu überlassen – z. B. den Politikern, die, meist ohne wissenschaftliche Ausbildung, in „Sachzwängen", Ideologien und Rollenschemata befangen sind und die Forschungsergebnisse zur Verwirklichung ihrer eigenen Ziele einsetzen.

Abhängigkeit der Politiker

Hinzu kommt, dass diese Politiker in der heutigen Welt mit ihrer Verwaltungsbürokratie, die trotz oder wegen der unbeschränkten Kommunikationsmöglichkeiten zunehmend undurchschaubar geworden ist, immer weniger Übersicht über mögliche Konsequenzen ihrer Entscheidungen haben und deshalb immer mehr abhängig von den Militärs, von Wirtschaft und Rüstungsindustrie werden, die ihrerseits immer größere Bedeutung gewinnen und oft eigenständige Ziele verfolgen.

Ablehnung von Verantwortung

Die Trennung von wissenschaftlicher Forschung einerseits und der Ausnutzung der Ergebnisse durch Militärs und Politiker andererseits hat dazu geführt, dass für die gesellschaftlich schädlichen Folgen sich niemand verantwortlich fühlt. Die Ärzte kennen den hippokratischen Eid, das Gelöbnis, ihr Wissen nur zum Wohl der Patienten zu verwenden. Er hat den Missbrauch der ärztlichen Kunst nicht verhindert, aber doch einen Damm gegen planmäßigen Missbrauch errichtet. Die Naturwissenschaften, die sich mit dem Aufbau des Alls oder chemischen Verbindungen beschäftigen, lehnten jedoch weitgehend eine Beurteilung ihrer Arbeit nach ethischen Grundsätzen ab, wie noch Max Planck (1858–1947) bezeugt. Er meint: „So sind alle Fragen der Ethik der Naturwissenschaft fremd, ebenso wie andererseits die Größe der universellen Naturkonstanten für die Religion ohne jede Bedeutung ist." (Zit. nach: Charbon, 1974, S. 34)

Max Planck

Situation nach dem Zweiten Weltkrieg

Solange die Anwendungsmöglichkeiten der Forschungsergebnisse beschränkt waren, hatte diese Haltung kaum negative Folgen. Gravierende Probleme traten erst auf, als eine neue Qualität der Anwendungsmöglichkeiten entwickelt wurde und wissenschaftliche, politische und wirtschaftliche Gesichtspunkte sich seit dem Zweiten Weltkrieg miteinander verbanden. Wissenschaft und

Technik kam kriegsentscheidende Bedeutung zu, und deshalb steckte der Staat riesige Summen in entsprechende Forschungsvorhaben, z.B. in das „Manhattan-Projekt“ zum Bau der ersten Atombombe. Die Grundlagenforschung, einst Domäne der Hochschulen und unabhängiger Stiftungen, verlagerte sich allmählich immer stärker in die Industrielabors. Wissenschaftliche Institute brauchten viel Geld, um ihre aufwendigen Apparate zu bezahlen, und das hatte nur der Staat oder die Industrie.

Abhängigkeit der Wissenschaftler

Aber je enger sich diese finanziellen und wirtschaftlichen Abhängigkeiten in der Zeit danach gestalteten, umso weniger hatten die Wissenschaftler Einfluss auf den Forschungsgegenstand und das Recht, über die Ergebnisse ihrer Forschungen zu verfügen. Verloren ging unter dem Druck der politischen und wirtschaftlichen Entwicklung die Unabhängigkeit wissenschaftlicher Arbeit. Die frühere Freiheit der Wissenschaftler verkehrte sich in völlige Abhängigkeit.

Wissenschaftler und Staat

Die meisten Wissenschaftler hatten während und nach dem Weltkrieg keine Bedenken, ihre Ergebnisse dem Staat zur Verfügung zu stellen, da wissenschaftliche Bedürfnisse und moralische Ziele übereinzustimmen schienen. Englische Pazifisten wollten z.B. ihre Heimat mit allen Mitteln im Kampf gegen den Faschismus unterstützen. Da die amerikanischen Wissenschaftler wenig über den Stand der Rüstung in Deutschland wussten, akzeptierten sie ihre zunehmende Einbeziehung in die Kriegswirtschaft und hatten das Gefühl, für eine gerechte Sache zu arbeiten. Zwar meinte nach dem Bombenabwurf von Hiroshima Julius Robert Oppenheimer, der Leiter des „Manhattan-Projekts“, „in einem elementaren Sinn“ hätten „die Physiker die Sünde kennengelernt, und das ist ein Wissen, das sie niemals mehr verlieren können“, doch der Schock verblasste sehr schnell. Als der Krieg vorbei war, wandten sie sich der friedlichen Nutzung der Atomenergie zu, obwohl auch hier die möglichen Folgen für die Menschen nicht zu überschauen waren.

Bewusstsein für Verantwortung

Doch bei anderen Wissenschaftlern setzte eine Neubesinnung ein. Schon als sich gegen Ende des Krieges die Frage nach dem Einsatz der neuen Waffen stellte, befasste sich eine Gruppe von Wissenschaftlern um den

Nobelpreisträger James Franck mit den politischen und militärischen Folgen der Atombombe und warnte vor ihren furchtbaren direkten und indirekten Zerstörungen. Andere Wissenschaftler schlossen sich diesen Warnungen an und verließen die militärischen Forschungszentren. So entstand in Ansätzen in den Jahren nach dem Krieg ein Bewusstsein der Naturwissenschaftler für ihre Verantwortung der Menschheit gegenüber. Sie wollten die kriegerische Auseinandersetzung durch friedlichen Wettstreit ersetzen und die modernen technischen Möglichkeiten zur Verbesserung der Lebensbedingungen einsetzen.

Gefühl der Schuld

Ursache für diese neue Haltung vieler Wissenschaftler war einmal das Gefühl der Schuld. Sie erkannten, dass sie sich zu Handlangern wissenschaftsfremder und zum Teil zerstörerischer Institutionen gemacht hatten. Sie erkannten aber vor allem, dass Politik und Militär die neuen Waffen für ihre machtpolitischen Pläne benutzten, ohne für die zu erwartenden Folgen Rechenschaft abzulegen.

Politisches Engagement

Es gibt heute zahlreiche Wissenschaftler, die sich zu ihrer gesellschaftlichen und moralischen Verantwortung bekennen. Sie fordern politisches Engagement von sich und ihren Kollegen und sind vor allem davon überzeugt, dass die Öffentlichkeit ein Recht auf umfassende Information hat, damit wissenschaftliche Forschungsrichtungen frühzeitig und kritisch diskutiert werden können.

Dürrenmatts Gestaltung des Problems

Möbius' Verantwortungsgefühl

Dürrenmatt gestaltet das Problem der Verantwortung des modernen Naturwissenschaftlers der Menschheit gegenüber in Person und Verhalten von Möbius, den sein Kollege Newton für den „größten Physiker aller Zeiten" hält (64). Möbius hat seine Verantwortung schon früh erkannt. Nach seiner Dissertation, dem „genialsten Dokument der neueren Physik", so Newton (ebd.), hätte er an der Universität „Ruhm" und „in der Industrie Geld" haben können (73). Aber er widersteht der Versuchung, da er schon damals seine Verantwortung den Folgen seiner Forschungsresultate gegenüber erkennt. Hätte er sie veröffentlicht, so wäre „der Umsturz unserer Wissenschaft und das Zusammenbrechen des wirtschaftlichen Gefüges […] die Folgen gewesen" (ebd.), und das Risiko des Untergangs der Menschheit will er auf keinen Fall eingehen (vgl. ebd.). Aus Verantwortung, wie er ausdrücklich betont, nahm er sein Wissen zurück, verzichtete auf Ehre und Geld, überließ seine Frau samt seinen Kindern „ihrem Schicksal" (74), gab vor, krank zu sein, und ließ sich in die Irrenanstalt einweisen, wofür seine Frau bezahlen musste.

Aber er forscht auch im Irrenhaus weiter, löst dort „en passant […] am Schreibtisch" das „Problem der Gravitation" und findet die „einheitliche Feldtheorie" (69). Er geht den Schritt, der den modernen Naturwissenschaftlern schwergefallen ist: Wenn er erkennt, dass alles, „was wir denken, […] seine Folgen" hat (69), so bekennt er sich klar zu seiner Verantwortlichkeit. Deshalb studiert er die Auswirkungen seiner Forschungsergebnisse und stellt das „System aller möglichen Erfindungen" auf. Dabei erkennt er, dass „neue, unvorstellbare Energien […] freigesetzt und eine Technik ermöglicht" würde (ebd.), die die Menschheit vernichten könnte. Zur Vermeidung jeglichen Risikos hat er seine Manuskripte verbrannt.

Folgen von Möbius' Entscheidung

Aber diese Entscheidung, das Wissen zurückzunehmen, hat ebenfalls Folgen: Er glaubt, Schwester Monika, die ihn für ein „verkanntes Genie" (75) hält, ermorden zu müssen, damit „nicht ein noch schrecklicheres Morden anhebe" (75). Damit meint er die Vernichtung der Menschheit.

Newton und Einstein als Typen

Im Irrenhaus glaubt er, frei zu sein, muss aber feststellen, dass seine beiden Mitpatienten, die angeblich geisteskranken Physiker „Newton" und „Einstein", ihn durchschaut haben und ihn für ihre jeweiligen Geheimdienste werben wollen. Beide bekennen sich nicht zur Verantwortung des Wissenschaftlers und sind Handlanger ihres jeweiligen Systems. Newton geht es nur um die Freiheit der Wissenschaft und nicht um die damit verbundene Verantwortung. Damit vertritt er die Haltung vieler Wissenschaftler, die am Atombombenprojekt während des Krieges und später an der Entwicklung der Wasserstoffbombe arbeiteten, wie dies zum Beispiel der amerikanische Physiker Edward Teller tat. Einsteins Delegierung seiner Verantwortung auf die – kommunistische – Partei repräsentiert den Standpunkt der Wissenschaftler im Bereich der damaligen Sowjetunion.

Möbius' Erkenntnis

Möbius ist nicht bereit, sich einem der beiden Wissenschaftler anzuschließen. Er erkennt die Schizophrenie des Wissenschaftlers, der zwar unter optimalen Arbeitsbedingungen angeblich für die Freiheit tätig sein kann, jedoch unfrei ist, seine Ergebnisse den wirtschaftlichen und politischen Mächten überlassen muss, selbst keinen Einfluss darauf hat, sich aber der Verantwortung für die Folgen dieser Ergebnisse als moralischer Mensch mit gesellschaftlichem Gewissen nicht entziehen kann. Da Möbius den „Untergang der Menschheit" (73) nicht riskieren will, kommt er zur Erkenntnis, dass die einzige Möglichkeit aus dem Dilemma die „Kapitulation vor der Wirklichkeit" (74) sei. Er nimmt also sein Wissen zurück, behält die einmal gewählte „Narrenkappe" (ebd.) und will im Irrenhaus bleiben. Er überzeugt seine beiden Kollegen davon, dass es für sie ebenfalls „keine andere Lösung" gebe (ebd.).

Möbius als moralisch handelnder Mensch

Mit dieser Lösung erweist sich vor allem Möbius als ein moralisch handelnder Mensch, der aus seiner inneren Freiheit heraus sein Handeln selbst bestimmt und sich nicht nur als Produkt der Umstände begreift. Im Gegensatz zu den „Wissenschaftsagenten" Newton und Einstein, die erst unter dem Druck der Verhältnisse das Verantwortungsvolle tun, ist er kein Opportunist. Als Einziger ist er sich von Anfang an sowohl der Dimension seiner wissenschaftlichen Erkenntnisse als auch seiner Verantwortung für ihre Folgen bewusst.

Möbius' Scheitern

Aber in der pervertierten Welt des Irrenhauses ist das als notwendig und allein richtig Erkannte nicht zu verwirklichen. Möbius' moralisch begründeter Entschluss ist sinnlos, weil durch „Zufall" die Ärztin selbst verrückt ist und seine Manuskripte fotokopiert hat, um sie technisch auswerten zu können. Möbius muss feststellen, dass er zum Produzenten technischer Formeln reduziert wurde, die schamlos ausgebeutet werden. Wichtig sind, wie Einstein sagt, allein seine Manuskripte (vgl. 71). Nicht nur Möbius' Bewusstsein wird am Ende versklavt, sondern auch er selbst. Er wird zum Gefangenen im Irrenhaus, aus dem es kein Entrinnen gibt. Zu spät erkennt er: „Was einmal gedacht wurde, kann nicht mehr zurückgenommen werden." (85) Die Menschheit, die er retten wollte, wird zum Spielball wirtschaftlicher und politischer Machtgier. Die Flucht des Wissenschaftlers aus der Gesellschaft ist, so erkennt der Zuschauer am Beispiel von Möbius, reiner Selbstbetrug.

Der „mutige Mensch"

KURZINFO

Möbius – ein Held?

- Dürrenmatt meint, es sei in unserer chaotischen Welt immer noch möglich, den „mutigen Menschen" zu zeigen. Dies ist für ihn Möbius, der sich im Gegensatz zu seinen beiden Kollegen zu seiner Verantwortung und zu seiner persönlichen Schuld bekennt.
- Seine beiden Kollegen sind im Gegensatz zu ihm Handlanger ihrer Systeme. Sie lassen sich jedoch von Möbius von ihrer Verantwortung überzeugen und wollen mit ihm im Irrenhaus bleiben.
- Möbius' moralisch begründete Entscheidung einer Zurücknahme seiner Forschungsergebnisse stellt sich als Selbstbetrug heraus, weil die Ärztin seine Ergebnisse besitzt und schamlos ausbeuten will.
- Möbius irrt sich, wenn er glaubt, dass Wissen zurückgenommen werden kann. Er scheitert an der Realität. Zwar handelt er verantwortungsvoll, aber opfert sich umsonst.

Der „mutige Mensch"

In „Theaterprobleme" schreibt Dürrenmatt, es sei „immer noch möglich, den mutigen Menschen zu zeigen" (TS, S. 123). Der „mutige Mensch" ist für ihn derjenige, der in unserer chaotischen Welt nicht resigniert oder verzweifelt, der zwar um ihre Sinn- und Hoffnungslosigkeit weiß und um die Lethargie seiner Mitmenschen, der aber trotzdem versucht verantwortlich zu handeln, der sich nicht von egoistischen Motiven leiten lässt, sondern das Wohl der Menschheit im Auge behält.

Möbius als „mutiger Mensch"

Diese Kennzeichnung scheint auf Möbius zuzutreffen. Er ist „mutig", wo er sich als verantwortungsvoller Mensch bewähren muss, in seinem privaten Bereich. Es gelingt ihm sogar, seine Physiker-Kollegen davon zu überzeugen, dass das Wissen zurückgenommen werden muss und dass sie als Sühne für ihre persönliche Schuld im Irrenhaus bleiben müssen.

Wirkungslosigkeit des Mutes

Aber er muss erkennen, dass der „Zufall" ihn und seine Kollegen in die Macht der irrsinnigen und machtgierigen Irrenärztin gebracht hat. Diese „schlimmstmögliche Wendung" lässt seine mutige Entscheidung wirkungslos und folgenlos sein. Diese Wirkungslosigkeit bedeutet jedoch nicht, dass er kein „mutiger Mensch" ist. Auch in der Wirkungslosigkeit bleibt er der „mutige Mensch", da er für sich eine humane Sinngebung versucht – wenn auch unter falschen Voraussetzungen.

Inhumane Mittel

Was das Bild vom „mutigen Menschen" Möbius trübt, sind die Mittel, mit denen er sein Ziel verfolgt. Er lässt sich sein Studium von seiner Frau finanzieren, lässt sie die sicher nicht geringen Kosten seines Aufenthaltes im Sanatorium bezahlen und verabschiedet sich recht brutal und gefühllos von seiner Familie: „Packt euch nun nach den Marianen fort." (42) Er selbst sieht dieses Verhalten als „humane Weise" an, da seine Familie ihn jetzt „mit gutem Gewissen vergessen" könne (44), aber trotzdem wäre eine andere Verhaltensweise denkbar.

Möbius' Abschied von seiner Familie

Morde

Die Morde an den Krankenschwestern beeinträchtigen ebenfalls stark eine ausschließlich positive Deutung seines Verhaltens und des Verhaltens seiner beiden Physiker-Kollegen. Möbius ermordet Schwester Monika, um seine Entlassung und damit die Umsetzung seiner Erkenntnisse in die Praxis und deren Missbrauch zu vermeiden. Er will verhindern, dass seine wissenschaftlichen Erkenntnisse Mittel zu Verbrechen an der Menschheit werden. Aber er wird durch diese Mittel selbst zu einer Art Verbrecher.

Unterschiede zwischen Möbius und seinen Kollegen

Jedoch bestehen Unterschiede zwischen seiner Tat und der seiner Kollegen: Während Einstein und Newton zum Nutzen ihrer jeweiligen Ideologie morden, tut Möbius dies aus edlen Motiven, weil er Verbrechen an der Menschheit verhindern will. Für ihn spricht auch, dass er im Gegensatz zu seinen Kollegen sich zu dieser Schuld bekennt, als er den Inspektor bittet, ihn zu verhaften (vgl. 60) – auch wenn er weiß, dass dieser es nicht tun kann, da er als Irrer „Narrenfreiheit" besitzt.

Möbius' Fehlverhalten

Möbius rechtfertigt sein Verhalten und auch den Mord damit, dass er die Menschheit retten will. Durch das nicht vorhersehbare Verhalten der Ärztin verliert seine Tat jedoch ihren Sinn. Oberflächlich betrachtet hat Möbius das nicht zu verantworten. Von der Intention des Verfassers her gesehen macht er sich aber schuldig, denn der Rückzug in die Realitätsferne des Irrenhauses ist sein grundsätzliches Fehlverhalten. Seine Schuld – oder besser: sein Verhängnis – besteht darin, dass er als

Einzelner die Konflikte der Welt lösen will. Wie sich Möbius hätte verhalten müssen, sagt Dürrenmatt nicht. Er zeigt lediglich auf, dass die Flucht aus der Gesellschaft der falsche Weg ist. Möbius hätte möglicherweise als weltberühmter Wissenschaftler in der Öffentlichkeit etwas bewirken können – oder auch nicht.

Möbius' Irrtum

Möbius handelt falsch, aber selbst wenn er – wie auch immer – „richtig" handelte, wäre die Katastrophe nicht zu verhindern. Zu spät sieht er ein, dass das einmal Gedachte nicht mehr zurückgenommen werden kann und dass jede Aktion nur als Aktion einer größeren Gemeinschaft sinnvoll ist. Sein „Fehler", vom Ende her gesehen, ist ebenfalls, dass er aus reiner Lust am Forschen im Irrenhaus weiterarbeitete. Auf diese Weise wird sein Wissen zum Fluch. Er ist zum Wissen verdammt, doch durch sein Wissen wird er unglücklich und einsam. Diese innere Not äußert er im symbolischen Bild von Salomo, dem König der Weisheit, der in sein „Dasein eingebrochen" sei und sein „Leben zerstört" habe. (50) Dies sagt er, bevor er weiß, dass sich die Ärztin sein Wissen angeeignet hat.

Möbius' Sühne

Möbius akzeptiert seine Einkerkerung als Sühne für seine persönliche Schuld: „Wir sind wilde Tiere. Man darf uns nicht auf die Menschheit loslassen." (76) Zu diesem Zeitpunkt glaubt er allerdings noch an einen Sinn in seinem freiwilligen Verzicht auf Freiheit zu Gunsten der Sicherheit der Menschheit. In diesem Sinne sind auch die pathetisch-paradoxen Sinnsprüche der Physiker nach ihrem Entschluss zu verstehen, im Irrenhaus zu bleiben:

> NEWTON Verrückt, aber weise.
> EINSTEIN Gefangen, aber frei.
> MÖBIUS Physiker, aber unschuldig. (77)

Die Physiker werden demnach in der Freiheit als Schuldige angesehen, zum Träger menschlichen Fehlverhaltens, das sie in ihrer Unfreiheit sühnen.

Verhalten des Helden im klassischen Drama

Wäre das Drama hier zu Ende, so entspräche Möbius' Verhalten dem eines Helden im klassischen deutschen Drama, dessen Tod der Bestätigung oder Widerlegung einer gerechten Weltordnung dient. Schillers Maria Stuart nimmt ihr ungerechtes Urteil auf sich, um frühere persönliche Schuld zu sühnen. Goethes Egmont nimmt seinen ungerechten Tod als Opfer für die Freiheit seines Volkes. So gesehen, würde Möbius auf Karriere, Freiheit und Familie verzichten und sich ins Irrenhaus zurückziehen als Opfer für die Rettung der Menschheit.

Scheitern der Idee an der Realität

Aber eine solche Unterscheidung zwischen irdischer, nur scheinbarer Sinnlosigkeit und einer sinnvollen Deutung des tragischen Geschehens auf höherer Ebene ist in Dürrenmatts Stück nicht möglich: In seiner und unserer Welt triumphiert nicht die Idee über den Untergang bzw. Rückzug des „Helden". Die Idee scheitert an der Realität. Die Welt bleibt in Unordnung, im Chaos. Dem schönen Scheinschluss folgt der unschöne echte Schluss: Der „mutige Mensch" Möbius, der an die Stelle des tragischen Helden getreten ist, hat sich umsonst geopfert. Der Versuch der Physiker, sich selbst aus der Menschheit auszuschließen und damit ihrem Leben doch noch einen humanen Sinn zu geben, ist gescheitert. Möbius hat jedoch bewusst und verantwortlich gehandelt und ist im Glauben an den Sinn seines Handelns gescheitert. Deshalb gewinnt sein Handeln tragische Züge.

„Tragik der Sinnlosigkeit"

Dies ist jedoch keine Tragik im Sinne der deutschen Klassik. Möbius' Handeln lässt sich vielmehr mit dem des griechischen Königs Ödipus vergleichen, der, ohne es zu wissen, seinen Vater erschlagen und seine Mutter geheiratet hat und somit seinen eigenen Untergang bewirkt. Möbius und seine Kollegen handeln ebenfalls so, als könnten sie das Unheil abwenden, das aber längst seinen Lauf genommen hat. Das ist eine „Tragik der Sinnlosigkeit" (Butzlaff, 1971, S. 37). In diesem Stück ist es gleichgültig in Bezug auf das Schicksal der Welt, deren Untergang sich schon abzeichnet, ob der Einzelne mutig oder feige handelt. Nach Erkennen seines Scheiterns, im Epilog, bekennt sich Möbius auch unter den neuen Voraussetzungen zu seiner Schuld, die er als Zerstörung der Gottesfurcht durch die Weisheit im Sinne von rücksichtslosem Wissenwollen versteht (vgl. 86 f.).

Gesellschaftskritik

KURZINFO

Das Irrenhaus als Symbol

- Das Theater stellt für Dürrenmatt die Möglichkeit dar, die Welt und ihre Konflikte zu erkennen. Er lässt sich keiner bestimmten politischen Richtung zuordnen und will die Zuschauer provozieren, sich mit diesen Konflikten auseinanderzusetzen.
- Am Beispiel der verrückten Irrenärztin führt Dürrenmatt die Grenzenlosigkeit des Machtstrebens bindungs- und verantwortungsloser Mächte und Machthaber vor Augen. Sie benutzen die Wissenschaftler für ihre Zwecke.
- Newtons ehemalige Familie verdeutlicht die Lächerlichkeit und Unzeitgemäßheit der kleinbürgerlichen Welt.

Gesellschaftsbezogenheit von Dürrenmatts Werken

In vielen Gesprächen hat Dürrenmatt die Meinung geäußert, dass der Schriftsteller zu den Problemen seiner Zeit Stellung beziehen müsse. Er ist der Ansicht, es gebe überhaupt keine Werke, die nicht gesellschaftsbezogen seien. Da jeder Mensch auf eine bestimmte Weise erzogen sei sowie in einer bestimmten Kultur und Gesellschaft lebe, sei jedes Werk ein Spiegel der Zeit seines Autors.
Dürrenmatts Medium ist in erster Linie das Theater. Es stellt für ihn die Möglichkeit dar, die Welt und ihre Konflikte zu erkennen und Modelle zwischenmenschlicher Beziehungen sichtbar zu machen. Er hält es aber für sinnlos, für eine bestimmte politische Richtung einzutreten. Es geht ihm auch in *Die Physiker* nicht darum, gesellschaftliche Probleme zu lösen, sondern darum, den Einzelnen in seinem Verstricktsein darzustellen, den Zuschauer dazu zu provozieren, aus seiner Passivität und Lethargie herauszutreten, sich mit der Wirklichkeit auseinanderzusetzen und in der Gruppe Lösungen zu versuchen, die dem Einzelnen nicht möglich sind. Dürrenmatts Position dabei ist die eines liberalen Zeitkritikers. Das Irrenhaus ist für ihn Symbol dieser sinnlos gewordenen Welt mit ihrer pervertierten Ordnung. In den ausführlichen Bühnenanweisungen charakterisiert er auf satirische Weise die bürgerliche Gesellschaft seiner Zeit: „[…] vertrottelte Aristokraten, arteriosklerotische Politiker – falls sie nicht noch regieren –, debile Millionäre, schizophrene Schriftsteller, manisch-depressive Großindustrielle usw." bilden „die ganze geistig verwirrte Elite des halben Abendlandes […]." (12)

Unterschied zu Brecht

Irrenhaus als Symbol

Die Ärztin

Die „Gründerin des Unternehmens" Irrenhaus und seine Leiterin ist die Chefärztin „Fräulein Dr. h. c. med. Mathilde von Zahnd". Sie strebt unter dem Deckmantel der Humanität nach Weltherrschaft. Sie ist die Vertreterin der militärischen, wirtschaftlichen und industriellen Kräfte, die die Welt mit ihrem bindungslosen Machtstreben bedrohen: Ihre Ahnen waren Politiker, Generäle und Wirtschaftsführer. Sie gründete nach der Aneignung von Möbius' Wissen „Riesenwerke, erstand eine Fabrik um die andere, baute einen mächtigen Trust auf" und will Möbius' „System aller möglichen Erfindungen auswerten" (83).

Salomo-Vision der Ärztin

In ihrer Salomo-Vision macht sie deutlich, dass sie nach Möbius' „Verrat" am „goldene[n] König" (82) die Berufung zur absoluten Macht und Herrschaft über die Menschen in sich spürt. In ihrer Besessenheit glaubt sie, er habe ihr den „Befehl" gegeben, „Möbius abzusetzen und an seiner Stelle zu herrschen" (ebd.). Ist das geschehen, dann wird ihr „Trust [...] herrschen, die Länder, die Kontinente erobern, das Sonnensystem ausbeuten, nach dem Andromedanebel fahren." (85)

Bedeutung der Ärztin

Am Beispiel dieser verrückten Irrenärztin wird dem Zuschauer die Absolutheit und Grenzenlosigkeit des Machtstrebens irrational handelnder Machthaber, Institutionen und Mächte in unserer Zeit vor Augen geführt, die Wissenschaftler für ihre Zwecke einsetzen und benutzen.

Kritik an der kleinbürgerlichen Ordnung

Die kleinbürgerliche Ordnung in ihrer starren Äußerlichkeit und ein erstarrtes Christentum werden von Dürrenmatt in der Familie Rose angeprangert. Frau Rose hält es für „schicklich", wenn ihre „Buben vor der Abreise ihren Vater kennenlernen" (32). Diese Buben spielen ihrem Vater auf Geheiß der Mutter „zum Abschied etwas vor" (39). Sie meint das Spiel auf der Blockflöte. Der Zuschauer erkennt aber: Vorgespielt wird eine harmonische, geordnete Welt der Innerlichkeit mit ihren durch die Namen „Schopenhauer und Nietzsche" (37) gekennzeichneten bürgerlichen Bildungsidealen.

Dagegen wehrt sich Möbius auf brutale Art. Diese Welt ist für ihn angesichts der Gefährdung der Menschheit fragwürdig geworden, und er wollte ihr durch seine Flucht ins Irrenhaus entkommen. Deshalb setzt er der kleinbürgerlich-engen und nur scheinbar geordneten und harmonischen Welt seine Vorstellungen von der

Zerstörung des Menschen in der Unendlichkeit des Weltalls entgegen und spielt auf die aktuelle Gefährdung durch Radioaktivität an.

Rose: Soziales Handeln

Dürrenmatt macht sich lustig über die Unzeitgemäßheit dieser kleinbürgerlichen Welt und will auch den Zuschauer in diesem Sinne beeinflussen. Es darf aber nicht übersehen werden, dass im Handeln des Missionars Rose und seiner Familie eine zu Möbius' Verhalten alternative Form sozialen Handelns vorgeführt wird. Der Missionar kennt nicht nur, was wenig bedeutet, „alle Psalmen auswendig" (39), wie seine Frau stolz sagt, er zieht auch auf seine Weise praktische Konsequenzen aus seinem Christentum. Der Dienst auf der neuen Stelle „auf den Marianen" (38) ist sicher hart und entbehrungsreich, und die Opferbereitschaft von Frau Rose wird in der neuen Ehe – auch angesichts der zu betreuenden Kinderschar – sicher nicht weniger gefordert werden als früher. Für Dürrenmatt verkörpert die Familie Rose jedoch eine Denk- und Lebensweise, die nicht mehr in unsere Welt angesichts ihrer Existenzprobleme passt, sonst hätte er sie nicht auf eine so groteske Weise überzeichnet, dass sie der Zuschauer nicht mehr ernst nehmen kann.

Überzeichnung

Zusammenfassung der Kritikpunkte Dürrenmatts

Der grundlegende Konflikt, den Dürrenmatt in seiner „Komödie" aufzeigt, ist die Gefährdung der Welt durch die Naturwissenschaften sowie die daraus folgenden Probleme für das Selbstverständnis der Wissenschaftler und ihre Beziehungen zu ihrer gesellschaftlichen Umwelt. Hinter dem speziellen Fall werden jedoch noch weitreichendere und allgemeinere Kritikpunkte an der Gesellschaft deutlich:

- die Lächerlichkeit bigott-kleinbürgerlicher Verhaltensweisen angesichts der Bedrohlichkeit der Situation der Menschheit,
- die Hilflosigkeit des Einzelnen in einer anonym und unüberschaubar gewordenen Gesellschaft und in einer Welt, die dem Zufall ausgeliefert ist,
- die Sinnlosigkeit mutigen und verantwortungsvollen Verhaltens und Handelns in dieser Gesellschaft,
- der vollständige Verlust der Freiheit des Individuums, bedingt durch die Machtstrukturen der Gesellschaft,
- die Gefährdung der Menschheit insgesamt durch die mögliche Machtübernahme von bindungs- und verantwortungslosen Politikern.

Die dramatische Bauform

Die Struktur der Handlung

KURZINFO

Bewusste Widersprüche zwischen Inhalt und Form

- In detaillierten Bühnenanweisungen informiert Dürrenmatt den Zuschauer anschaulich und mit persönlicher Wertung über Ort und Zeit des Geschehens, über die Personen und über das Geschehen bis zum Einsetzen der Handlung.
- Dürrenmatt führt dem Leser und Zuschauer die Diskrepanz zwischen der dem klassischen Drama entlehnten Form des Stückes, die eine geschlossene Weltordnung voraussetzt, und dem modernen, schrecklichen Inhalt vor.
- Der Autor übernimmt ebenso die analytische Form des Dramas aus der Antike: Die eigentliche Handlung liegt vor dem Beginn des Geschehens und enthüllt sich im Verlauf des Spiels. Die Zuschauer sind gar nicht, die handelnden Personen nur zum Teil in die Zusammenhänge eingeweiht.
- Diese werden nach und nach aufgeklärt, sodass handelnde Personen und Zuschauer immer neu überrascht und auch schockiert werden. Enthüllt wird stufenweise und letztlich die Absurdität einer Welt, in der die anscheinend Verrückten die eigentlich Normalen sind und umgekehrt.
- Der Aufbau der beiden Akte ist sowohl durch Parallelität als auch durch Kontraste bestimmt. Die beiden polizeilichen Untersuchungsszenen und die erste und zweite Enthüllungsszene sind parallel gebaut, wobei die Rollen der Personen gegensätzlich gestaltet sind.
- Spannung erzielt Dürrenmatt in seinem Stück durch eine Fülle jeweils neuer Eindrücke, die Überraschung des Zuschauers bewirken und sich zu den Hauptszenen verdichten. Verbindung dazwischen schaffen Überbrückungsszenen und Gespräche, die meist Situationskomik bewirken.

Formprobleme

Die Physiker gelten als das Theaterstück Dürrenmatts, das formal am genauesten durchdacht und aufgebaut ist. Der Verfasser hat dem ersten Akt eine umfassende Bühnenanweisung vorangestellt, die er allerdings erst unter dem Eindruck der Uraufführung 1962 in Zürich geschrieben hat. In diesem Text, der unter dem Einfluss von Brechts Vorstellungen vom „epischen Theater“ entstanden ist, informiert Dürrenmatt den Zuschauer anschaulich und mit persönlicher Wertung

Bühnenanweisung: Detaillierte Informationen

- über den Ort der Handlung, das Sanatorium „Les Cerisiers“ und seine Umgebung,
- über die Personen: die Leiterin, Fräulein Dr. h. c. Mathilde von Zahnd,

- über ihre Patienten, die „geistig verwirrte Elite des halben Abendlandes“ (12) und besonders über drei von ihnen, „zufälligerweise Physiker, oder doch nicht ganz zufälligerweise“ (ebd.),
- über wichtige Ereignisse bis zum Einsetzen der Handlung,
- über das vorhergehende Geschehen, die Ermordung zweier Krankenschwestern,
- über die Zeit: „Es ist kurz nach halb fünf nachmittags.“ (14) Der Zuschauer kann während der Aufführung feststellen, dass diese ungefähr genauso lange dauert, wie das Geschehen in Wirklichkeit dauern würde.

Die drei Einheiten

Der Zuschauer erkennt, worauf der Verfasser ausdrücklich hinweist, dass die Einheit von Raum, Zeit und Handlung streng eingehalten wird; denn, so fährt Dürrenmatt in seiner Bühnenanweisung fort, „einer Handlung, die unter Verrückten spielt, kommt nur die klassische Form bei“ (12). Aber er weist auf einen formalen Unterschied zur griechischen Tragödie hin: „[…] im Gegensatz zu den Stücken der Alten“ gehe bei ihm „das Satyrspiel der Tragödie“ voraus (14).

Satyrspiel

Im klassischen Drama der Antike war es üblich, dass der Aufführung von drei Tragödien ein heiter-schwankhaftes Nachspiel folgte. Dieses wurde nach dem Chor der Satyrn benannt, nach Fruchtbarkeitsdämonen aus dem Gefolge des Dionysos, die, verkleidet, in toller Ausgelassenheit burleske und drollige Lieder sangen und komisch-derbe Tänze aufführten.

Ironie

Dürrenmatt meint seinen Hinweis auf die klassische Form allerdings ironisch. Er verweist damit den Zuschauer auf die Diskrepanz zwischen dieser Form und dem Inhalt, der alles andere als klassisch ist, auf die Paradoxie der Ereignisse, die die Widersprüchlichkeit des Lebens widerspiegeln. Zu diesen Paradoxien gehört das Missverhältnis zwischen Inhalt und Form: Seine „Komödie“ ist die Verkleidung eines schrecklichen Inhalts in eine zu ihm nicht passende – komische – Gestalt, eine „Travestie“.

Auch das Satyrspiel im ersten Akt ist nur oberflächlich gesehen ein solches. Die oft groteske Komik und banale Wortspiele verunsichern den Zuschauer, der erst später durch die komödiantisch-kriminalistische Verfremdung hindurch den ernsten Hintergrund des Geschehens erkennt.

Analyse als Prinzip

Analytisches Drama

Dürrenmatts Stück ist ein analytisches Drama. Die Besonderheit dieser aus der Antike stammenden Form, deren Musterbeispiel *König Ödipus* von Sophokles ist, besteht darin, dass das Bühnengeschehen nicht die gesamte Reihe der Ereignisse umfasst, die zum tragischen Konflikt führen, sondern nur ihre letzten Auswirkungen, die Zuspitzung zur Katastrophe, während die eigentliche Handlung vor dem Beginn des Bühnengeschehens liegt und sich im Verlauf des Spiels langsam enthüllt.

Analyse als Vorgehensweise

Dies ist das Prinzip, nach dem auch Dürrenmatts *Die Physiker* aufgebaut sind. Zu Beginn des Stücks scheint die Tragödie schon abgeschlossen zu sein. Zwei Morde sind geschehen, der zweite unmittelbar vor Beginn der Bühnenhandlung. Die Leiche der Krankenschwester wird kriminalpolizeilich behandelt. Der Mord ist eingebettet in die Alltäglichkeit und hat seinen Schrecken verloren. Der Zuschauer kommt sich vor wie im Satyrspiel und lässt sich mit dem Inspektor, der die Tat untersucht, auf die verkehrte Welt des Irrenhauses ein, in der alles möglich scheint, nur kein planvoll-logisches Handeln. In dieser Welt verliert der Inspektor seine Maßstäbe und fragt sich, ob er „eigentlich" verrückt sei (17), denn er darf den Mörder nicht als solchen bezeichnen, und dieser muss sich nach der Tat geigenspielend beruhigen, wobei ihn die Anstaltsleiterin auf dem Klavier begleitet. Von Mitleid mit dem Opfer ist dagegen nicht die Rede. Auch an Verhaften darf der Inspektor nicht denken, da der Täter „krank" ist und im Irrenhaus andere Gesetze als in der normalen Welt herrschen.

Verkehrte Welt

Newtons Auftreten

In dieser Umgebung wirkt Newton, der Mörder der Schwester Dorothea Moser, fast normal. Wenn er behauptet, er sei „nicht verrückt" (20), so glaubt ihm dies der Zuschauer fast. Diese verkehrten Maßstäbe scheinen durch die Chefärztin wieder zurechtgerückt zu werden, deren Normalität für den Zuschauer außer Frage steht, besonders da sie Angst um ihren guten Ruf als Ärztin und auch vor der resoluten Oberschwester zu haben vorgibt.

Familie Rose

Beim Auftritt der geschiedenen Frau Möbius mit ihren drei Kindern und ihrem neuen Mann, dem Missionar Rose, gerät das Satyrspiel zur Farce, zu einem possenhaften Spiel, das menschliche Schwächen verspottet. Der Missionar spricht salbungsvoll und klischeehaft, die drei Buben vervollständigen die Karikatur eines kleinbürgerlichen Familienlebens durch ihr Blockflötenspiel, und die geschiedene Frau Möbius macht sich Vorwürfe, ihr „armes Johann Wilhelmlein" im Stich gelassen zu haben (35).

Möbius' „Anfall"

Der Einbruch dieser Vertreter bürgerlicher Normalität lässt auch Möbius extrem reagieren und zum Handelnden im Satyrspiel werden: Er inszeniert, was zu diesem Zeitpunkt aber weder seine Familie noch Zuschauer wissen, einen Tobsuchtsanfall und beschwört im „Psalm Salomos, den Weltraumfahrern zu singen" (41) eine Untergangsvision, die den Wendepunkt im Satyrspiel darstellt. In der folgenden Szene, im Dialog Möbius – Monika, wird aus der Farce bitterer Ernst, die tragische Doppelbödigkeit der Komödie wird deutlich. Diese Entwicklung kulminiert in Möbius' Mord an Schwester Monika, die ihn liebt. Der Zuschauer erkennt, dass Möbius seine Geisteskrankheit simuliert hat, und ahnt, dass der Physiker wohl aus anderen als aus Krankheitsgründen in der Anstalt ist. Der Zuschauer geht in die Pause, ohne zu wissen, was er mit dem Gesehenen anfangen soll.

Mord an Monika

Parallele Anlage des zweiten Aktes

Die Wirkung des zweiten Aktes beruht ebenfalls darauf, dass der Zuschauer gar nicht, die handelnden Personen nur zum Teil in die Zusammenhänge eingeweiht sind. Er ist parallel zum ersten angelegt: Wieder ist ein Mord geschehen, wieder muss ihn der Inspektor aufnehmen, wieder spricht er mit der Chefärztin – allerdings mit vertauschten Rollen. Jetzt bleibt der Inspektor gelassen, und sie verliert die Fassung, so scheint es jedenfalls. Der Inspektor korrigiert ruhig und ironisch die Ärztin, die von einem „Mörder" spricht. Aber die verkehrte Welt, in der musizierendes Personal Mördern wieder zu seelischem Gleichgewicht verhelfen will und die Opfer kaum eine Rolle spielen, besteht noch immer. Die Gerechtigkeit kann in dieser Welt „zum ersten Male Ferien" machen (60), wie der geplagte Inspektor erfreut feststellt.

Unverhoffte Wendungen

Nach dieser retardierenden Szene tritt eine rasche Beschleunigung des Spielverlaufs auf. Eine Reihe von unverhofften Wendungen führt zu immer neuen Enthüllungen, von denen nicht nur die Zuschauer, sondern auch die Handelnden stets neu überrascht werden. Aus der Unverbindlichkeit einer Kriminalkomödie mit schwarzem Humor entsteht Schlag auf Schlag eine hoffnungslose Realität auf der Bühne, deren Bezug zur Wirklichkeit des Lebens immer deutlicher zu Tage tritt und vom Zuschauer immer beklemmender erkannt wird:

- Möbius wollte seine Forschungsergebnisse im Irrenhaus verbergen, da sie die Menschheit gefährden.
- Die beiden anderen Physiker sind ebenfalls nicht geisteskrank und entpuppen sich als Spione zweier Machtsysteme.
- Die bis jetzt unverständlichen Morde an den Schwestern enthüllen sich als Versuche der beiden, die Tarnung ihrer Agententätigkeit weiter aufrechterhalten zu können.
- Möbius hat Schwester Monika, die ihn liebte, ermordet, um weiter im Irrenhaus bleiben und so den Missbrauch seiner Erkenntnisse zum Schaden der Menschheit verhindern zu können.

Zu diesem Zeitpunkt weiß der Zuschauer nur so viel wie die handelnden Personen. Aber Dürrenmatt will zeigen, dass in unserer Welt planvolles Handeln sich selbst aufhebt. Die letzte Enthüllungsszene deckt die Absurdität unserer Welt auf: Die bis jetzt als Sympathieträgerin aufgebaute Chefärztin erweist sich als die eigentlich Verrückte, in deren planmäßig konstruierte Falle die „normalen" Physiker und ausgekochten Agenten getappt sind. Ihre aus Berechnung verübten Morde erfüllen den Plan der Chefärztin, die alle drei in ihrem Sinne manipuliert. Die drei Physiker haben sich durch ihre Morde der Öffentlichkeit als Verrückte dargestellt. Die ursprüngliche Tarnung ist zu ihrer neuen Identität geworden. Am allerschlimmsten aber ist, dass die verrückte Irrenärztin Möbius' Forschungsergebnisse in ihren Besitz gebracht hat und Schritt für Schritt ihre Weltherrschaft aufbaut, mittels nuklearer Erpressung, wie das verschiedentlich verwendete Motiv der Radioaktivität vermuten lässt.

Die letzte Enthüllung

Der Weltuntergang ist somit eine organisierte Katastrophe, die vom Machthunger einer verrückten Irrenärztin in Bewegung gesetzt wird, die glaubt, im Auftrag des

Aufbau							
	Erster Akt			Zweiter Akt			
Szenen	1–3 (S. 15–31)	4 (S. 31–43)	5 (S. 43–53)	1–2 (S. 54–61)	3 (S. 61–78)	4 (S. 78–85)	5 (S. 85–87)
Personen	Voß, Newton, Ärztin	Möbius, Ärztin, Fam. Rose	Möbius, Monika	Voß, Ärztin, Pfleger	Möbius, Newton, Einstein	Physiker, Ärztin	Physiker
Themen	Was ist Ordnung? Wer ist ein Mörder? Was für Leute sind Physiker?	Bruch mit der Familie, Hybris der Technik	Opferbereitschaft, Liebe, Tod	Was ist Ordnung? Wer ist ein Mörder? Gerechtigkeit?	Verantwortung des Wissenschaftlers, Opferbereitschaft der Physiker, Hoffnung für die Menschheit	Zerstörung der Hoffnung, Machtergreifung durch eine Irre	Resignation und Verzweiflung
Funktion	Exposition, Untersuchungsszenen	Lösung Möbius' von der Außenwelt	1. Enthüllungsszene, Wendepunkt	Umkehrung des Anfangs, Untersuchungsszenen	2. Enthüllungsszene, gedanklicher Höhepunkt, Scheinschluss	3. Enthüllungsszene, Katastrophe, tatsächlicher Schluss	Bestandsaufnahme
Realität	Infragestellen der gewohnten Welt durch die Welt des Irrenhauses			Verkehrung der Welt des Irrenhauses in die Realität			
Textart	„Komödie" („Satyrspiel")			„Tragödie" („schlimmstmögliche Wendung")			
Einheit von Ort, Zeit, Handlung: Klassische Form der Tragödie (?)							

Königs Salomo handeln zu müssen. Die drei Physiker erkennen am Schluss die analytische Struktur des Geschehens: Sie sehen die Vergeblichkeit ihrer Planung und erkennen die Tatsache, dass sie nur Ausführungsgehilfen für die Pläne ihrer verrückten Ärztin waren.

Gestaltungselemente

Der Aufbau der beiden Akte ist einerseits durch Parallelität, andererseits durch Kontraste bestimmt, wobei die Parallelität eher formaler Natur, der Kontrast eher inhaltlich bestimmt ist.

Parallelität

Beide Akte enthalten drei Hauptszenen, die formal nicht voneinander getrennt sind, sondern ineinander übergehen. Sie beginnen mit einer Untersuchungsszene. Im ersten Akt folgt die Familienszene, der Abschied der Missionarsfamilie. Die nächste Szene, die das Gespräch Möbius – Monika und Monikas Ermordung durch Möbius zeigt, kann als erste Enthüllungsszene betrachtet werden. Im zweiten Akt schließen sich an die Untersuchungsszene die beiden großen Enthüllungsszenen an.

Kontrast

In der Untersuchungsszene des ersten Aktes ist der Inspektor der Unterlegene, die Ärztin die Überlegene. In der entsprechenden Szene des zweiten Aktes ist dies umgekehrt. Im ersten Akt ist, zumindest für den Zuschauer, Möbius der Verrückte und die Ärztin normal – im zweiten Akt ist beides ebenfalls anders geworden. Im ersten Akt ist Möbius freiwillig in der Anstalt, im zweiten ist er Gefangener. Dürrenmatt benutzt das Gestaltungsmittel des Kontrasts in assoziativer Hinsicht. Der Zuschauer hat in Bezug auf Motive und Personen bestimmte Vorstellungen entwickelt, die auf seinen bisherigen Erfahrungen beruhen. Dürrenmatt enttäuscht nun diese „üblichen“ Vorstellungen dadurch, dass er die (Bühnen-)Realität schockierenderweise anders gestaltet. Durch die kontrastierende Ausgestaltung der Assoziationsbereiche kennzeichnet er die Paradoxien der Welt und will den Zuschauer zur Entdeckung neuer Wahrheiten und Verantwortlichkeiten für unsere Welt bringen.

Spannung

Im klassischen Drama wird die Spannung über Exposition, erregendes Moment, steigende Handlung, retardierendes Moment zur Lösung oder Katastrophe geführt. Dabei hat jede einzelne Szene ihren bestimmten Stellenwert, ihre Funktion im sorgfältig durchdachten Aufbau des gesamten Dramas. In Dürrenmatts „Komödie" wird Spannung durch die Fülle jeweils neuer Einfälle bewirkt.

Einfälle

Schon der erste Einfall, das Geschehen im Irrenhaus spielen zu lassen, wirkt strukturbildend. Er schafft den Rahmen für immer neue Einfälle, die sich schwerpunktartig zu den Hauptszenen verdichten. Solche Schwerpunktszenen sind z. B. die Familienszene im ersten Akt, vor allem aber die Enthüllungsszene am Ende des ersten Aktes und die beiden Enthüllungsszenen im zweiten Akt. Die beiden Untersuchungsszenen haben die Aufgabe einer Exposition, also Rahmen und Hintergrund für das folgende Geschehen zu schaffen und die „Welt" vorzuführen, in der gehandelt wird. Sie dienen aber bei Dürrenmatt – im Gegensatz zur üblichen Exposition – zur Irreführung des Zuschauers.

Gelenkstellen

Diese Schwerpunktszenen sind die Gelenkstellen des Stücks. Kennzeichen für sie ist das Auftreten der Hauptperson Möbius oder der Ärztin oder beider zusammen sowie die Enthüllung einer jeweils neuen Überraschung.

Überbrückungen

Verbindung zwischen den Schwerpunktszenen schaffen Überbrückungsauftritte und Gespräche weniger bedeutsamer Art wie z. B. im ersten Akt die Unterhaltung des Inspektors mit der Oberschwester und mit Newton, ebenso das Gespräch der Ärztin mit der Oberschwester und dann mit Frau Rose vor dem Dazukommen von Möbius; im zweiten Akt das Gespräch des Inspektors mit dem Oberpfleger und das Gespräch von Möbius mit dem Inspektor. Diese Überbrückungsszenen bewirken, nicht zuletzt durch Sprach- und Situationskomik, eine Steigerung der Aufmerksamkeit des Zuschauers und seiner Spannung auf die nächste Höhepunktszene.

Schlussmonologe

Die Schlussmonologe der drei Physiker tragen nicht zur Spannungssteigerung bei. Sie sind episierende Elemente im Sinne Brechts, dienen zur Verfremdung des vorhergehenden Geschehens. Der Zuschauer soll über das Gesehene und Gehörte nachsinnen und sich als Betrof-

Gegenüberstellung inhaltlicher Elemente			
		Übliche Vorstellung	**Dürrenmatts Gestaltung**
Ort	Irrenhaus	Betreuung geistig Kranker ohne große politische Bedeutung	Zuflucht für Normale, weltpolitische Entscheidungen
Personen	Physiker	geistige Elite, Rationalität	Irrenhauspatienten, Verwirrtheit (?)
	Ärztin	Normalität, Verantwortung, Vertrauen, Humanität, Hilfe, Zuwendung, Verkörperung des Guten	Irresein, Menschenverachtung, Ausbeutung, Verkörperung des Bösen
	Inspektor	Vertreter von Recht und Ordnung, Aufklärung	Verzicht auf Aufklärung, Resignation
	Pfleger	Pflege, Fürsorge, Verantwortung	Gewalt, Zwang, Unterdrückung
Motive	Religion	Nächstenliebe, Überzeugung	leere Formeln, Konvention
	Musik	Schönheit, Reinheit, Innerlichkeit	Begleitung von Morden
	Mord	Tat von Kriminellen, Abseitigkeit	Mittel normaler Menschen oder der Gesellschaft
	Liebe	Glück, Zärtlichkeit	Gewalt, Tod

Brecht

fenen erkennen. Brecht lässt im Epilog seines Stücks *Der gute Mensch von Sezuan* die aus ihrer Rolle herausgetretenen Schauspieler noch das Publikum auffordern:

> „Verehrtes Publikum, los, such dir selbst den Schluß!
> Es muß ein guter da sein, muß, muß, muß!"

Durch das Bühnengeschehen hat das Publikum erkannt, dass dieser „gute Schluss" nur in der Veränderung der kapitalistischen Gesellschaftsordnung bestehen kann.

Dürrenmatt

Bei Dürrenmatt dagegen treten die Schauspieler zurück in ihre alte Rolle, und der Zuschauer erkennt nur die Sinnlosigkeit einer durch teuflische Zufälle bestimmten Welt – wobei er jedoch nicht resignieren soll.

Motive und Symbole

KURZINFO

Dichtes Geflecht von Bedeutungs- und Verweisungszusammenhängen

- Symbole und Motive haben in Dürrenmatts Stück eine strukturbildende Funktion und eine besondere symbolische Bedeutung (der Ort des Geschehens, das Innere der Villa, die Musik und die Namen der Physiker).
- Von besonderer symbolischer Bedeutung ist das Motiv vom König Salomo, der Verkörperung der Weisheit.

Die Anstalt

In *Die Physiker* haben Motive und Symbole eine besondere strukturbildende Funktion. Sie stellen ein Geflecht von Bedeutungs- und Verweisungszusammenhängen dar, das die Ebene des meist grotesk dargestellten Geschehens überlagert und eine zusätzliche Sinn- und Bedeutungsschicht bildet. Dies geschieht dadurch, dass zu dem ausdrücklich Gesagten eine Ebene des nicht ausdrücklich Gesagten, der Nebenbedeutungen, hinzukommt. Die Menge der Einzelaussagen und einzelnen Handlungsteile wird durch diese Gestaltungselemente strukturiert und interpretiert.

Bedeutungsebenen

Unter einem „Symbol" versteht man einen sinnlich gegebenen Gegenstand, Vorgang oder eine Situation, die über sich selbst hinaus auf einen abstrakten, ideellen Bereich verweisen. Symbole erlangen erst in einem bestimmten Kontext oder Sinnzusammenhang ihre Bedeutung, die nicht immer eindeutig sein kann, weil sie vom Erfahrungs- und Wissenshorizont des Lesers abhängt.

Symbol

Unter einem „Motiv" wird eine sich wiederholende, typische und menschlich bedeutsame Situation, ein entsprechender Vorgang, Zustand oder auch ein bedeutungsvolles Verhalten verstanden. Motive können auch symbolischen Charakter haben.

Motiv

Es wurde schon deutlich, dass der Ort des Geschehens symbolischen Charakter hat. Die „etwas verlotterte Villa" (11), in einer idyllischen Landschaft an einem „beträchtliche[n] See" (ebd.) gelegen, war früher „der von Zahndsche Sommersitz" (13), bevor sie in das private Sanatorium „Les Cerisiers", euphemistischer Name für ein „Irrenhaus" (11) (frz. *le cerisier* ‚Kirschbaum'), umgewandelt wurde.

Symbolik des Ortes

Früher war die Villa Ort aristokratisch-großbürgerlichen Lebensstils, heute ist diese Gesellschaftsschicht zur „geistig verwirrte[n] Elite des halben Abendlandes" (12) degeneriert, deren Angehörige sich als Patienten im Hause aufhalten. Die veränderte Funktion des Schauplatzes, der eigens für die vielen Patienten errichtete „elegante[n], lichte[n] Neubau" (ebd.) sowie der Geisteszustand der Bewohner und ihrer Leiterin zeigen, dass die früher großbürgerliche, geordnete Welt zu einer verkehrten Welt mit verkehrten moralischen Maßstäben geworden ist, in der zwar äußerlich Ordnung herrscht, in der jedoch die Verantwortliche ihren humanen Auftrag missbraucht. Sie beutet aus Machthunger diejenigen aus, die sich vertrauensvoll in diese abseits gelegene Welt zurückziehen; aus der Idylle ist eine Horror-Welt geworden.

Symbolik des Inneren

Die Symbolik erstreckt sich auch auf das Innere der Villa. Der ehemals herrschaftliche Salon, in dem die drei Physiker-Patienten gemeinsam ihre Mahlzeiten einnehmen, hat ebenfalls seinen ihm zugedachten Charakter verändert. Hier sind die Morde an den Krankenschwestern verübt worden. Der Ort der Geborgenheit und Geselligkeit ist zum Ort der Bedrohung und des Todes degeneriert. In dieser verkehrten Welt ist offensichtlich niemand mehr seines Lebens sicher, auch nicht derjenige, der sozial und karitativ tätig und dazu noch wehrhaft ist, wie es die Schwestern sind. Die veränderte Bedeutung wird durch den Zustand des Salons symbolisiert: „Die Möbel sind beträchtlich durcheinandergeraten." (13) „Durcheinandergeraten" sind aber auch die Wertmaßstäbe des Einzelnen und der Gesellschaft. Die größte Gefahr droht von der Person, die sie eigentlich abzuwenden hat, von der Chefärztin selbst.

Porträts

Dass sie ihre Aufgabe im Verlauf des Geschehens ändert, merkt der Zuschauer an den Porträts, die ausgetauscht werden – ein symbolischer Vorgang. Das Bild des Onkels, des Politikers, muss dem Bild des Vaters, des Geheimrates und Wirtschaftsführers weichen, und dieses wird vor der letzten Enthüllung durch das des „Generals Leonidas von Zahnd" ersetzt. Von ihm sagt die Ärztin doppelsinnig: „Er liebte Heldentode, und so was hat in diesem Hause ja nun stattgefunden." (78) Diese Bilder-Demonstration zeigt, wie sich Politik, Wirtschaft und

Militär, der „militärisch-industrielle“ Komplex, in der irren Ärztin verkörpern und sie zu einem machtgierigen Ungeheuer umfunktionieren.

Musik

Auch die Musik hat in dieser pervertierten Welt eine andere Bedeutung erhalten. Das Blockflötenspiel der Buben ist nicht mehr Ausdruck eines kulturbewussten Bürgertums, sondern symbolisiert die Unangemessenheit und Leere formalisierter Innerlichkeit in einer von Zerstörung bedrohten Welt. Noch grotesker und perverser muss der Zuschauer Einsteins Geigenspiel empfinden. Er geigt nach beiden Morden, und die Chefärztin begleitet ihn nach dem Mord zu Beginn des Geschehens am Klavier, weil er „sich beruhigen muß. Und weil er sich für Einstein hält, beruhigt er sich nur, wenn er geigt.“ (17) Der Inspektor ärgert sich darüber, und der Zuschauer denkt an Massenmörder des Dritten Reichs, von denen berichtet wird, dass sie ein durchaus bürgerliches Leben führten und die Musik liebten.

Namen

Die Assoziationsfähigkeit des Zuschauers wird auch durch die verwendeten Namen angeregt. Der englische Physiker Sir Isaac Newton (1673–1727) gilt als Begründer der Lehre von der Schwerkraft. Albert Einstein (1879–1955) war einer der bedeutendsten Physiker der Neuzeit und Begründer der Relativitätstheorie. Der heute weniger bekannte Mathematiker und Astronom August Ferdinand Möbius (1790–1868) lehrte an der Universität Leipzig und war dort Direktor der Sternwarte. Die Namen der drei Physiker lassen den Zuschauer an das neue wissenschaftliche Weltbild und moderne Wissenschaftsgläubigkeit denken.

Dreizahl

Am Beispiel der drei Physiker wird die Vorliebe Dürrenmatts für die Dreizahl und ihre Variation deutlich: Die drei Physiker begehen drei Morde und werden von drei Pflegern versorgt. Möbius ist drei Versuchungen ausgesetzt, in die Gesellschaft zurückzukehren: Zuerst sucht ihn seine ehemalige Frau auf, dann gibt ihm Schwester Monika eine reale Möglichkeit, und schließlich zeigen ihm seine beiden Kollegen einen Weg. Auf die Bedeutung der drei Ahnenbilder wurde schon hingewiesen.

Einschließung

Die Physiker sind im Irrenhaus eingeschlossen. Das Motiv der Einschließung wird im Verlauf des Geschehens immer dominanter und gipfelt im Erscheinen der herkulischen Pfleger, die „das Gitter“ (67) abschließen. Das Irrenhaus wird zum Gefängnis umfunktioniert, aus dem die Physiker nicht mehr entkommen können. So sieht Dürrenmatt unsere Welt: labyrinthisch, abgeschlossen, wahnsinnigen Machthabern ausgeliefert, keinem Einfluss einer höheren Macht mehr zugänglich.

Opfer

Weitere Motive strukturieren das Stück. Das Motiv des Opfers wird mehrfach gespiegelt. Frau Möbius opfert sich für Mann und Kinder, Monika will sich für ihren Geliebten aufopfern, Newton und Einstein wollen das Opfer ihrer Freiheit als Sühne für ihre Morde bringen. Möbius opfert sich für die Menschheit. Mit diesem Motiv ist das der Verantwortung eng verbunden. Verantwortung für Personen (Frau Möbius, Monika), für Staaten und Gesellschaftssysteme (Newton, Einstein) und Verantwortung für die Menschheit (Möbius) konkurrieren miteinander und führen zu ausweglosen Situationen.

Verantwortung

König Salomo

Salomo: symbolische Bedeutung

Das auffälligste und sinnträchtigste Motiv ist das vom König Salomo. Salomo, König von Juda und Israel (ca. 965–926 v. Chr.), gilt als Urbild des weisen und mächtigen Herrschers. Das Alte Testament überliefert zahlreiche Psalmen und Sprüche von ihm. Möbius hat sich nicht zufällig ihn und nicht einen bedeutenden Physiker der Vergangenheit als Maske für sein Irresein gewählt, und mit ihm identifiziert er sich am Ende des Stücks. König Salomo ist für Dürrenmatt Symbol für die Wissenschaftler unserer Zeit in ihrem tragischen Dilemma.

Zum ersten Mal erwähnt Möbius den König Salomo im Gespräch mit seiner Familie. Er bittet seine Flöte spielenden Buben, „Salomo zuliebe“ (40) aufzuhören. Salomo habe, so sagt Möbius, sein Wesen verändert. Er sei nicht mehr der „große goldene König“, sondern kauere „nackt und stinkend“ in Möbius’ Zimmer und sei nur noch der „arme König der Wahrheit“ (ebd.). Ebenso haben Wissen und Weisheit heute ihren Charakter verändert, haben abgedankt.

Psalm Salomos

Im „Psalm Salomos, den Weltraumfahrern zu singen“ schockiert Möbius dann seine Zuhörer mit einem Fluchgesang in zum Teil unflätigen Wörtern, der die Vernichtung der von der Erde in den Weltraum flüchtenden Wissenschaftler zum Inhalt hat – eine Anspielung auf die Weltraumfahrt. Die Weltraumfahrer entfernen sich immer mehr von der Erde und gelangen in die Unendlichkeit des Weltalls. Der Mensch, der Wissenschaftler, der sich von seinen Aufgaben auf der Erde löst, vergisst seine eigentlichen humanen Ziele. Er hat „kein Erinnern mehr / An die atmende Erde" (42), wird orientierungslos, unmenschlich in der Eiseskälte eines toten Weltraums und apokalyptischen Grauens. Zum ersten Mal wird hier das Motiv der Radioaktivität erwähnt: „Sogar auf dem Mars fraß uns die Sonne, / Donnernd, radioaktiv und gelb." (41) Der Weltraumfahrer wird zum Symbol für die Verlockung und Gefährdung des Menschen durch die Grenzenlosigkeit der Naturwissenschaften und der Technik, die auf ihren Ergebnissen beruht, sowie der Sinnlosigkeit bindungsloser menschlicher Erkenntnis.

Weltraumfahrer

Schwester Monika fühlt sich in Möbius' Maske ein und will ihn durch den Hinweis auf seine Salomo-Erscheinung bewegen, wieder in die Welt der Wissenschaft zurückzukehren: „Du behauptest, der König Salomo erscheine dir. Warum verrätst du auch ihn?" (50) Möbius aber fühlt sich zum Wissen verdammt. Das Wissen macht ihn zum unglücklichen und einsamen Menschen, dessen Bekenntnis von äußerster Gewissensnot zeugt:

Wissen

> „Er ist in mein Dasein eingebrochen, auf einmal, ungerufen, er hat mich mißbraucht, mein Leben zerstört, aber ich habe ihn nicht verraten." (Ebd.)

Wie früher Gott in das Leben eines Menschen „eingebrochen" ist, so bricht bei Möbius das Wissen unverschuldet in die menschliche Existenz ein und verwandelt sie. Monikas Liebe kann zwar Möbius' Isolation für einen Augenblick durchbrechen, kann aber sein Existenzproblem als Wissenschaftler nicht lösen.

Möbius identifiziert sich nach seinem gescheiterten Verweigerungs- und Fluchtversuch am Ende mit dem „armen König der Wahrheit" und erkennt, dass es das Ende jedes religiösen und humanen Bezugs bedeutet, wenn an die Stelle der Ehrfurcht vor Gott die Wissenschaft tritt:

Salomo, der „arme König"

> „Ich bin Salomo. Ich bin der arme König Salomo. Einst war ich unermeßlich reich, weise und gottesfürchtig. [...] Aber meine Weisheit zerstörte meine Gottesfurcht, und als ich Gott nicht mehr fürchtete, zerstörte meine Weisheit meinen Reichtum." (86 f.)

Bezugslosigkeit der Weisheit

Weisheit, die ihr Ziel in sich selbst findet, verarmt zum bloßen positiven Wissen ohne religiösen Bezug. Damit hat, wie Möbius erkennt, menschliches Leben keinen Sinn mehr:

> „Nun sind die Städte tot, über die ich regierte, mein Reich leer, das mir anvertraut worden war, eine blauschimmernde Wüste, und irgendwo um einen kleinen, gelben, namenlosen Stern kreist, sinnlos, immerzu, die radioaktive Erde." (87)

Möbius glaubte beim Abschied von seiner Familie noch an die „atmende Erde" (42), jetzt kreist die „radioaktive Erde" für ihn „sinnlos". Eine solche entmythologisierte Erde ist keine Heimat mehr für den Menschen. Ihre Unbegreiflichkeit und Gesichtslosigkeit erklärt sich aus dem Verlust an Transzendenz. Daraus folgen die Unüberschaubarkeit und Zusammenhanglosigkeit von Politik, Wirtschaft und Wissenschaft sowie die Beziehungslosigkeit und Bindungslosigkeit des Individuums, das hilflos einer Welt gegenübersteht, die, wie Dürrenmatt sagt, zum „Rätsel an Unheil" geworden ist. Nur Irre können, so legt Dürrenmatt nahe, noch an die absolute Macht von Wissen und Weisheit glauben.

Salomo, der „goldene König"

Ist für Möbius Salomo der „arme König", so ist er für die ihren Irrsinn offenbarende Ärztin der „goldene König", der wie ein „gewaltiger Engel" zu ihr „schwebte" (82). Sie glaubt, von Salomo erwählt zu sein, weil Möbius ihn verraten hat. Sie, seine „unwürdige Dienerin", soll nun an Möbius' Stelle „herrschen" (ebd.). Für sie bedeutet die Identifikation mit Salomo die Verabsolutierung des Wissens zum Zweck der Herrschaft über den Menschen. Wenn Möbius die Weisheit verrät, wie die Ärztin ihm unterstellt, dann kann sie umso leichter für das Böse ausgenutzt werden. Weisheit ist weder gut noch böse, ihre Kraft kann von beiden Prinzipien ausgenutzt werden. Schon deshalb ist Möbius' Eskapismus für Dürrenmatt reiner Selbstbetrug.

Sprache und Sprachebenen

KURZINFO

Ver- und Enthüllungstechniken

- Auffallend sind die Enthüllungsfunktion von Dürrenmatts Sprache und ihre Mehrdeutigkeit. Kennzeichen sind z. B. Paradoxien, heterogene Elemente, Klischees, triviale Elemente und Euphemismen.
- Durch ihre Vielschichtigkeit und Mehrdeutigkeit ist die Sprache Ausdruck der Gebrochenheit der Welt. Der Zuschauer kann keinen festen Boden zum Verständnis des Geschehens gewinnen.

Der analytische Charakter des Theaterstücks hat Auswirkungen auf seine Sprache. Sie dient nicht immer in eindeutiger Weise zur Übermittlung von Inhalten, sondern transportiert Nebenbedeutungen, deren eigentlichen Sinn der Zuschauer erst im Nachhinein erkennt. Diese enthüllende Funktion der Sprache wird schon zu Beginn des Geschehens deutlich. So sagt Newton zum Inspektor mit Recht, wie sich allerdings erst später herausstellt: „Ich bin schließlich nicht verrückt.“ (20) Oder er fragt scheinbar erstaunt in Bezug auf Einstein: „Wie kann ein Mensch nur eine Krankenschwester erdrosseln?“ (19) Erst später erfährt der Zuschauer, dass Newton den Grund sehr wohl kennt.

Enthüllungsfunktion

Ähnlich doppeldeutig und enthüllend äußert sich die Ärztin dem Inspektor gegenüber, als dieser nach dem dritten Mord schärfere Sicherheitsmaßnahmen verlangt: „Wie stellen Sie sich denn diese Sicherheitsmaßnahmen vor, Inspektor? Ich leite eine Heilanstalt, nicht ein Zuchthaus.“ (26) Über sich selbst sagt sie entlarvend, dass es „beinahe einem kleinen medizinischen Wunder gleichkommt, wenn ich für relativ normal gelten darf, ich meine, was meinen Geisteszustand betrifft.“ (29) Dürrenmatt treibt diese Ver- und Enthüllungstechnik auf die Spitze, wenn er Schwester Monika am Ende des ersten Aktes über ein Gespräch mit der Ärztin zu Möbius sagen lässt: „Sie selbst sei verrückter als du, erklärte sie und lachte.“ (51)

Diese Mehrdeutigkeit der Sprache verleiht ihr Tiefe, die bewusst herbeigeführte Ungenauigkeit und Doppeldeutigkeit bewirkt beim Zuschauer einerseits zwar Verunsicherung, andererseits aber Interesse für den Fortgang

Paradoxien

der Handlung. Zu dieser Mehrdimensionalität gehören auch Paradoxien und Wortspiele, die besonders im zweiten Akt häufig auftreten. So meint Möbius ehrlich, aber fälschlich: „Nur im Irrenhaus sind wir noch frei." (75) Oder er bringt das Paradoxon, dem sich die Physiker heute gegenübersehen, in ein Wortspiel: „Entweder löschen wir uns im Gedächtnis der Menschen aus, oder die Menschheit erlischt." (76) Einstein beschreibt die Paradoxie seines eigenen Verhaltens: „Meine Machtpolitik besteht gerade darin, daß ich zugunsten einer Partei auf meine Macht verzichtet habe." (73)
Die Ebene des argumentativen Sprechens wird von den Physikern gewählt, wenn sie über sich, über ihre Probleme und die der Wissenschaft reden, besonders in der zweiten Enthüllungsszene. Über dieser tragenden Sprachschicht ist das pathetisch-religiöse Sprechen angesiedelt, dessen sich Möbius z. B. bedient, als er einen Trinkspruch auf die tote Schwester Monika ausspricht:

> „Monika! Ich mußte dich opfern. Deine Liebe segne die Freundschaft, die wir drei Physiker in deinem Namen geschlossen haben. Gib uns die Kraft, als Narren das Geheimnis unserer Wissenschaft treu zu bewahren." (77)

Heterogene Elemente

Aber die Sprachebenen sind bei näherem Hinsehen gemischt, aus heterogenen Bereichen zusammengesetzt. In die religiöse Sphäre gehören Ausdrücke wie „segne", „in deinem Namen", „gib uns die Kraft". Daneben steht die eher betuliche Wendung „treu zu bewahren". In diesen Bereich gehört auch der altertümliche Ausdruck „Narren" für Irre. In seiner modernen Bedeutung zeigt er jedoch die Selbsttäuschung der Physiker auf. Bevor sie diese erkennen, bedienen sie sich lyrischer Sprache, um ihr – noch – ausgeglichenes Inneres auszudrücken. Sie reden „verklärt" von der „geheimnisvolle[n] Nacht", die „tiefblau und fromm" (79) sei. Sie sprechen so zu einem Zeitpunkt, zu dem die „schlimmstmögliche Wendung" schon stattgefunden hat, was sie aber noch nicht wissen.

Klischees

In der Liebesszene Möbius – Monika verwendet Dürrenmatt sentimentale Klischees. „Wir lieben uns" (48), sagt Monika zu Einstein, der sie warnen will. Sie fragt Möbius: „Begehren Sie mich?" (49), worauf er ausweichend antwortet und später in ähnlichem Stil sagt: „Ich bin unwürdig deiner Liebe." (50)

Unterschiedlicher Sinn

Diese Liebesszene ist ein Beispiel dafür, dass die Partner letztlich aneinander vorbeireden. Beide haben einen jeweils anderen Erfahrungshintergrund, eine andere Denkweise und eine andere Gesprächsintention, und deshalb haben die Worte, die sie verwenden, einen unterschiedlichen Sinn. Monika meint Liebe personal, sie will eine erotische Beziehung: „Ich will mit Ihnen schlafen […]" (49), sagt sie direkt zu Möbius. Dieser kann sich jedoch private Liebe wegen seiner „Liebe" zur Menschheit nicht leisten, auch wenn er sie empfindet, und er bringt Monika wegen dieser „Liebe" um.

Euphemismen

Ein von Dürrenmatt durchgängig verwendetes sprachliches Mittel ist der Euphemismus, die verhüllende Umschreibung einer unangenehmen oder unheilvollen Sache durch einen beschönigenden Ausdruck. Er beginnt das Spiel mit Euphemismen schon in der Bühnenanweisung zu Beginn des Stücks. „Human bewaldete Hügel" werden beschrieben.

> „[…] eine weite, abends rauchende Ebene […] – einst ein düsteres Moor – nun von Kanälen durchzogen und fruchtbar, mit einer Strafanstalt irgendwo und dazugehörendem landwirtschaftlichem Großbetrieb, so daß überall schweigsame und schattenhafte Gruppen und Grüppchen von hackenden und umgrabenden Verbrechern sichtbar sind." (11)

In diesem Textteil stoßen eine idyllische, beschönigende Sprachschicht – das Wort „human" ist ironisch gemeint, ein Signal für den Leser! – und eine sachlich-enthüllende („Strafanstalt", „Verbrecher") zusammen. Ironisch und scheinbar verschämt merkt der Verfasser in der Bühnenanweisung an, nachdem er anfangs vom „privaten Sanatorium" und dann von der „Villa des Irrenhauses" gesprochen hat: „[…] (nun ist das Wort doch gefallen)" (11). Zu diesem „Sanatorium" gehören offizielle Euphemismen: Ein Mord wird zu einem „Unglücksfall" (16) umgedeutet, der „Mörder" wird zum „Täter".

Als Möbius den Berufswunsch seines jüngsten Sohnes, Physiker zu werden, mit der Begründung ablehnt, wenn er selbst diesen Beruf nicht ergriffen hätte, wäre er nicht im „Irrenhaus", korrigiert ihn seine ehemalige Frau: „Aber Johann Wilhelm, das ist doch ein Irrtum. Du bist in einem Sanatorium, nicht in einem Irrenhaus." (37) Sie hat sich die offiziellen Euphemismen der Anstalt zu eigen gemacht.

Triviale Elemente

Die Rose-Szene führt die zum Klischee erstarrte Sprache mit trivialen und sogar kitschigen Elementen vor. Frau Rose begrüßt ihren früheren Mann mit: „Johann Wilhelmlein, mein liebes, liebes Johann Wilhelmlein." (36) Damit ist der Ton in dieser kleinbürgerlichen Schein-Idylle schon angeschlagen. Er wird auf gleicher Ebene weitergeführt, wenn Frau Rose ihre Buben auffordert, „inniger" (39) ihr Flötenspiel zu gestalten, was Möbius' Tobsuchtsanfall provoziert.

Ihr gutgemeinter Versuch, ihrem ehemaligen Mann den Abschied durch musikalische Einlagen seiner Buben festlich zu gestalten, wird von Möbius jedoch nicht ertragen, und er setzt seinen „Psalm Salomos" (vgl. 41 f.) dagegen. In diesem Text verwendet er ein Kontrastprogramm zur Sprache der bemühten Innerlichkeit der Familie Rose. Er gebraucht Ausdrücke aus einer niederen Sprachebene: „Abhauen", „verrecken", „fressen", „stinken", „kotzen", „Fratzen" sind Wörter, die den Versuch einer Verklärung des Abschieds zunichte machen. Die groteske Vermischung der Sprachebenen in diesem „Psalm" ist Ausdruck der grotesk und chaotisch gewordenen Welt, wie Möbius – und der Verfasser – sie sieht.

Niedere Sprachebene

Verlust der Ordnungsfunktion

Dürrenmatts Sprache lässt den Zuschauer keinen festen Boden zum Verständnis des Geschehens gewinnen. Sie verliert ihre eindeutige Aussagekraft und somit zum Teil ihre Ordnungsfunktion. Sie ist Teil der Gebrochenheit der Welt. Sie ist offen, vielschichtig, vieldeutig und entlässt den Zuschauer in die Unsicherheit einer Welt, die auf der Bühne als Theater vorgeführt wird, und bringt ihn durch ihre verhüllende und enthüllende Funktion dazu, sich mit der schrecklichen Realität auseinanderzusetzen, mit der Bedrohung der Menschheit.

Dürrenmatts Theaterauffassung

Welt- und Geschichtsbild

KURZINFO

Der Verlust von Hintergründen und Zusammenhängen

- Für Dürrenmatt ist die moderne Welt chaotisch und für den Einzelnen undurchschaubar geworden. Diese Weltsicht bestimmt seine Theaterdichtung.
- Er kann keine göttliche oder andere Ordnung erkennen, lehnt jedes Erklärungsmodell ab und verdeutlicht seine Wirklichkeitsauffassung oft durch das Bild des Labyrinths, in dem der moderne Mensch orientierungslos herumirrt.

Dürrenmatts Theaterdichtung wird stark von seinen weltanschaulichen Vorstellungen bestimmt. Für ihn ist die moderne Welt wegen des explosiven Bevölkerungswachstums, der Technisierung, der Medien, der anonymen Verwaltungsapparate und der atomaren Bedrohung zum Chaos geworden. Auch die Geschichte ist für Dürrenmatt ein unerklärbares Rätsel. Er kann in ihrem Verlauf keine göttliche oder andere Ordnung erkennen, die die Katastrophen und Zerstörungen relativieren oder sogar aufheben könnte. Jedes Erklärungsmodell für die historische Entwicklung, auch das marxistische, stellt für ihn eine unzulässige Verkürzung und Vereinfachung dar. Deshalb distanziert er sich von solchen Erklärungsmodellen und sieht in ihnen

Welt als Chaos

Ablehnung von Erklärungsmodellen

> „nicht mehr als eine Sammlung notdürftiger fragmentarischer Hypothesen zur wirklich konkreten Weltgeschichte, eine unvollkommene Konzeption, bloß summarisch, mit Vermutungen über verlorene Hintergründe und nie mehr aufzutreibende Materialien und Dokumente. Wir kennen die ersten drei Minuten der Geschichte des Weltalls besser als die ersten drei Millionen Jahre der Geschichte des Menschen." (Stoffe, S. 63)

Mit dieser Geschichtsauffassung ist eine Wirklichkeitserfassung verbunden, die Dürrenmatt oft mit dem Bild des „Labyrinths" bezeichnet, in dem der „Minotaurus", der moderne Mensch, hilflos und orientierungslos umherirrt. Deshalb sieht er sich als Schriftsteller gezwungen, „eine Welt der Sinnlosigkeit darzustellen, in der ein Sinn gesucht wird, den es nicht gibt, ohne den sie jedoch nicht ausgehalten werden kann" (Stoffe, S. 75).

Welt als Labyrinth

Theater und Gesellschaft

KURZINFO

Das Bühnengeschehen als Provokation

- Im Gegensatz zur Auffassung Brechts kann für Dürrenmatt der Schriftsteller nicht die Welt verändern, aber er will sie beunruhigen. Er soll sich mit Problemen unserer Zeit befassen und die Wirklichkeit veranschaulichen.
- Das auf der Bühne dargestellte Geschehen soll den Zuschauer provozieren, ihn zum Denken herausfordern und wachrütteln.

Dürrenmatt als Diagnostiker

Wie andere Schriftsteller, so betont auch Dürrenmatt die Gesellschaftsbezogenheit seiner Werke. Aber er engagiert sich nicht politisch für eine bestimmte Ideologie, wie es Brecht zum Beispiel tut:

> „Ich bin kein politischer, ich bin ein dramaturgischer Denker, ich denke über die Welt nach, indem ich ihre Möglichkeiten auf der Bühne durchspiele, und mich ziehen demgemäß die Paradoxien und Konflikte unserer Welt mehr an als die noch möglichen Wege, sie zu retten. Ich bin Diagnostiker, nicht Therapeut […]." (TS II, S. 118)

Gegensatz zu Brecht

Dürrenmatt meint im Gegensatz zu Brecht, dass er als Schriftsteller die Welt nicht verändern könne, aber er will sie „beunruhigen". Er stellt sich die Aufgabe, „den Menschen in seinen Konflikten sichtbar zu machen, ihn zu dokumentieren" (zit. nach: Muhres, 1974, S. 63). Die Lösung gesellschaftlicher Probleme sei eine politische Frage, die nicht im Aufgabenbereich des Schriftstellers liege. Dessen Aufgabe sei es, die Wirklichkeit durchschaubar zu machen, sie zu „formen" und „aus ihrer Bildlosigkeit ein Bild zu machen".

Schaffung eines gesellschaftlichen Gewissens

Der Schriftsteller und besonders der Dramatiker müsse „Modelle von möglichen menschlichen Beziehungen" darstellen, „bestimmte Phänomene der menschlichen Natur" veranschaulichen. „Probleme, die nur im Privaten liegen", sagten jedoch nichts aus. Vielmehr müsse die dramatische Kunst „auf Konstellationen ausgehen, in denen der Mensch vor Gewissensfragen gestellt wird". Sie müsse deshalb dazu beitragen, „ein gesellschaftliches Gewissen" zu entwickeln. Dies erfolge dadurch, dass der Zuschauer durch das auf der Bühne dargestellte Geschehen zum Nachdenken angeregt werde. Dieses Geschehen müsse so geartet sein, dass es eine „Herausfor-

derung" des Zuschauers darstellt (zit. nach: Muhres, 1974, S. 64). Auf diese Weise werde das Theater zu einer „Schule der Menschenkenntnis. Theater ist ein Werkzeug, ein natürliches Werkzeug, das der Mensch zur Menschenkenntnis braucht" (ebd., S. 72).
Wenn Dürrenmatt mit dem Bühnengeschehen erklärtermaßen die Zuschauer provoziert, zum Überdenken des Geschehens und ihrer Standpunkte zwingt, so will er auf diese Weise das sittliche Verantwortungsgefühl des Menschen in einer Welt der Gedankenlosigkeit und Verantwortungslosigkeit wachrütteln. Deshalb besteht seine Dramentechnik nach eigenen Aussagen darin,

Durchdenken der Welt

> „die gesellschaftliche Wirklichkeit des Menschen in Theater zu verwandeln und mit dieser verwandelten Wirklichkeit weiterzudenken. Ich denke die Welt durch, indem ich sie durchspiele. Das Resultat dieses Denkprozesses ist nicht eine Wirklichkeit, sondern ein komödiantisches Gebilde, in der sich die Wirklichkeit analysiert wiederfindet, genauer, in der sich der Zuschauer analysiert wiederfindet. Diese Analyse ist von der Einbildungskraft bestimmt, vom Gedankenexperiment, von der Spielfreude, sie ist darum nicht streng wissenschaftlich, sie ist in vielem leichtfertig, doch gerade darum nützlich."
> (Dürrenmatt, *Monstervortrag*, 1969, S. 94 f.)

Personen als Modelle

Entsprechend dieser Konzeption sind Dürrenmatts Personen keine wort- und handlungsgetreuen Abbilder ihrer realen Vorbilder, sondern sie sind Modelle, die verzerrt, unwirklich erscheinen, aber dennoch die hinter ihnen stehenden Wirklichkeitsbezüge deutlich erkennen lassen. So ist Dürrenmatts Theaterwelt dem Zuschauer einerseits fremd, andererseits ist sie ihm als die seine erkennbar.

Zeitstücke

Als Ausdruck unserer modernen Welterfahrung haben Dürrenmatts Theaterstücke Zeitstück-Charakter. Das heißt nicht, dass sie sich mit Tagesthemen beschäftigen, wohl aber mit Problemen unserer Zeit. Die heutige Welterfahrung hat die Gefährdung des Menschen im Atomzeitalter zum Inhalt. Der Mensch erkennt an der Entwicklung der Naturwissenschaften, dass seine Macht wächst, dass aber zugleich seine Ohnmacht den Folgen seiner Entdeckungen gegenüber immer größer wird. Zum ersten Mal in seiner Geschichte ist es ihm möglich, das menschliche Leben total zu vernichten. Dürrenmatt hat mehrfach auf diese neue Bewusstseinslage im Atom-

Theater als „Welttheater"

zeitalter und auf deren Bedeutung für seine Dramatik hingewiesen. Dadurch, dass sein Theater diese Zwiespältigkeit der modernen Daseinsweise zum Gegenstand hat, wird es für ihn zum „Welttheater". Damit meint er „eine Komödie, die nicht nur dies oder jenes, einzelne Typen oder bestimmte gesellschaftliche Verfassungen komisch findet, sondern ein Weltmodell zu schaffen vermag." (Allemann, 1969, S. 204) „Welttheater" wird aber auch zu einer Metapher für unsere gegenwärtige Existenz: Die Welt wird als Theater gesehen, der Mensch spielt die ihm zugedachte Rolle und kann nicht mehr als autonomes Individuum betrachtet werden.

Spiel mit dem Zuschauer

Dürrenmatt richtet seine Dramen stark auf ihre Wirkung beim Zuschauer hin aus. Er spielt mit ihm. Zuerst bestätigt er die Wirklichkeit, wie sie der Zuschauer sich wünscht und zu sehen glaubt: Möbius gelingt es, auch seine beiden Kollegen zur Einsicht zu bringen, dass ihr Verbleib im Irrenhaus die Menschheit vor dem Verderben retten wird. Ganz zum Schluss wird der Zuschauer aus dem Gewohnten und Gewünschten herausgerissen: Die Irrenärztin ist verrückt und kann gerade durch Möbius' Verhalten ihr Ziel erreichen, die Welt zu beherrschen. Auf diese Weise provoziert Dürrenmatt den Zuschauer, nach einer neuen Lösung zu suchen. Christian Jauslin nennt diese Dramenstruktur „Dramaturgie der Provokation" (Jauslin, 1964, S. 120). Die zum Erreichen des Ziels der Provokation geeignete Dramenform ist für Dürrenmatt die Form der Komödie; ihr wichtigstes Stilmittel ist das Groteske.

Provokation

Komödie und Tragödie

KURZINFO

Die Entgrenzung dramatischer Bauformen

- Die Undurchschaubarkeit der modernen Welt kann für Dürrenmatt nicht mehr mit den Stilmitteln des klassischen Dramas oder mit Schillers Dramatik dargestellt werden. Für ihn gibt es in dieser Welt auch nicht mehr den entscheidungsfreien Menschen, der Verantwortung trägt und Schuld auf sich nimmt.
- Deshalb sei nicht mehr die Tragödie, sondern die Komödie mit dem Stilmittel des Grotesken die angemessene Form der Gestaltung heutiger Probleme.
- Für Dürrenmatt gibt es allerdings auch heute noch Schuld und Verantwortung, womit das Element des Tragischen verbunden ist. Tragik könne allerdings nur noch ein wichtiges Element innerhalb der Komödie sein.

- Für Dürrenmatt schafft die Komödie Distanz. Dadurch kann der Zuschauer die dargestellte Wirklichkeit durchschauen. Er müsse erschreckt feststellen, dass die vertraut geglaubte Wirklichkeit eine Welt voller Bedrohung ist.

Dürrenmatt versucht, die Orientierungslosigkeit in der als Labyrinth empfundenen Welt dadurch kreativ zu bewältigen, dass er ihre Widersprüchlichkeit auf der Bühne darstellt. Dazu fragt er, „wie unsere bedenkliche Welt dargestellt werden muß, mit welchen Helden, wie die Spiegel, diese Welt aufzufangen, beschaffen und wie sie geschliffen sein müssen“ (TS, S. 118). Seiner Ansicht nach lässt sie sich nicht mehr mit den Mitteln des klassischen Theaters und mit der traditionellen Gattung Tragödie darstellen.

Frage nach den Darstellungsmitteln

Diese These von der Unmöglichkeit, die heutige Welt mit der „Dramatik Schillers“ darzustellen, begründet Dürrenmatt damit, dass heutige Staatsmänner keine Machthaber mehr seien, die, wie früher z. B. Wallenstein und Napoleon, in Freiheit verantwortlich handeln könnten. Sie seien „nur noch zufällige, äußere Ausdrucksformen“ einer riesenhaften Macht und deshalb „beliebig zu ersetzen“: „Die Macht Wallensteins ist eine noch sichtbare Macht, die heutige Macht ist nur zum kleinsten Teil sichtbar, wie bei einem Eisberg ist der größte Teil im Gesichtslosen, Abstrakten versunken.“ (TS, S. 119)

Unmöglichkeit, Dramatik Schillers zu verwenden

Der „heutige Staat“, den die heutigen Machthaber zu lenken sich bemühen, entspräche diesen veränderten Verhältnissen. Er ist für Dürrenmatt „unüberschaubar, anonym, bürokratisch geworden“ und „hat seine Gestalt verloren“. Diesem Staat fehlen, so meint Dürrenmatt, „die echten Repräsentanten […], und die tragischen Helden sind ohne Namen. Mit einem kleinen Schieber, mit einem Kanzlisten, mit einem Polizisten läßt sich die heutige Welt besser wiedergeben als mit einem Bundesrat, als mit einem Bundeskanzler“. Zur Veranschaulichung des Gemeinten fügt er hinzu: „Kreons Sekretäre erledigen den Fall Antigone.“ (TS, S. 120) Bei seiner Betrachtungsweise der Welt als Chaos macht Dürrenmatt keine Unterschiede zwischen kapitalistischen und sozialistischen Gesellschaftssystemen. Für ihn sind die ersteren durch Privatkapitalismus, die letzteren durch Staats-

Unüberschaubarkeit des heutigen Staates

kapitalismus geprägt, aber ein „Rätsel an Unheil" (TS, S. 123) sind beide für ihn. Wenn Dürrenmatt von „Machthabern" spricht, so meint er nicht nur den verantwortlichen Staatsmann, sondern auch den Menschen überhaupt. Wenn er von „Staat" spricht, so meint er auch die gesellschaftlichen Verhältnisse, in denen sich der Mensch früher befand und heute befindet.

Keine Entscheidungsfreiheit mehr

Für Dürrenmatt gibt es also nicht mehr wie früher für Schiller den souverän in Entscheidungsfreiheit handelnden Menschen, der die Verhältnisse beherrscht, der als Folge seines Tuns auch Schuld auf sich lädt, sich aber zu seiner Verantwortlichkeit bekennt, der sein Verhalten und Handeln nach Ideen ausrichtet und in tragische Konflikte geraten kann. Für diesen „Helden" der Schiller'schen Dramen sei die dramatische Bauform der Tragödie die angemessene Form der Darstellung gewesen. Dürrenmatt sieht den heutigen Menschen undurchschaubaren Machtkonstellationen und Verhältnissen ausgeliefert. Er sei nicht mehr Subjekt, sondern nur noch Objekt des Geschehens, und von Verantwortung, Schuld und Tragik im früheren Sinne könne man deshalb nicht mehr sprechen.

Mensch als Objekt

Die Tragödie gestaltete den Zusammenstoß letzter Prinzipien, den Konflikt von Freiheit und Notwendigkeit zwischen dem als autonom angesehenen Willen und dem Schicksal. Sie setzte absolute Werte voraus und ein Publikum, das sie anerkennt. Für Dürrenmatt ist diese Situation heute nicht mehr gegeben. Aus diesem Grund kommt uns „heute nur noch die Komödie bei" (TS, S. 122). Sie allein ist für Dürrenmatt die angemessene Form der Gestaltung und der Wiedergabe heutiger Verhältnisse und Probleme, da sie als Kunstmittel einer niedergehenden Zeit anzusehen sei, die mit Mythen und tragischen Konflikten nichts mehr anzufangen wisse – das Kunstmittel einer Welt, die „am Zusammenpacken ist wie die unsrige" (TS, S. 120 f.).

Komödie als angemessene Form

Dürrenmatt fasst sein Geschichtsbild und seine weltanschaulich begründete Ablehnung der Tragödie zusammen:

> „Die Tragödie setzt Schuld, Not, Maß, Übersicht, Verantwortung voraus. In der Wurstelei unseres Jahrhunderts, in diesem Kehraus der weißen Rasse, gibt es keine Schuldigen und auch

> keine Verantwortlichen mehr. Alle können nichts dafür und haben es nicht gewollt. Es geht wirklich ohne jeden. Alles wird mitgerissen und bleibt in irgendeinem Rechen hängen. […] Schuld gibt es nur noch als persönliche Leistung, als religiöse Tat." (TS, S. 122)

Fehlende Voraussetzungen für Tragödie

Zu den Bedingungen, die die Tragödie möglich machen, gehören für Dürrenmatt also „Verantwortung", „Schuld" und „Übersicht". Wenn aber menschliches Verhalten von Faktoren bestimmt wird, die nicht mehr kontrollierbar sind, die sich also der „Übersicht" entziehen, so ist das Schreiben von Tragödien nicht mehr möglich. Sind diese Faktoren, die die Verantwortlichkeit der handelnden Personen außer Kraft setzen, läppisch oder banal, so kann an die Stelle der „Tragödie" nur die „Komödie" treten. Unter „Komödie" versteht Dürrenmatt nicht „die Darstellung eines harmlosen, nichtigen Schadens", sondern „die Darstellung eines bedeutenden Unheils aus nichtiger Ursache" (Profittlich, 1973, S. 34). Komisch wirkt dabei „das Mißverhältnis zwischen dem Gewicht der auslösenden Faktoren und der Bedeutung der Katastrophe" (ebd.), wie dies in *Die Physiker* in besonderem Maße der Fall ist.

Der „mutige Mensch"

Für Dürrenmatt gibt es Menschen, die paradoxerweise trotz der Sinn- und Hoffnungslosigkeit der Welt nicht verzweifeln, sondern bestehen wollen. Diese Menschen wollen die verlorene Weltordnung gleichsam in ihrer Brust wiederherstellen und vollbringen die „persönliche Leistung", ihre Schuld anzuerkennen. Damit zeigt Dürrenmatt eine Möglichkeit der Freiheit in einer von „Zufällen" und „Pannen" bestimmten Welt auf. Dies ist ein für ihn typisches Paradoxon: Der Einzelne verzweifelt nicht in einer Welt voller Verzweiflung, sondern hofft auf Veränderung – wobei er gleichzeitig um die Sinnlosigkeit dieser Hoffnung weiß. Der Mensch, der dies vermag, ist für Dürrenmatt der „mutige Mensch", den zu zeigen er immer noch für möglich hält (vgl. TS, S. 123).

Tragik als Element in der Komödie

Dürrenmatt sieht durchaus, dass es auch heute Schuld und Verantwortung gibt und dass damit das Problem des Tragischen verbunden ist. Aber wegen der fehlenden weltanschaulichen Voraussetzungen kann Tragik kein gattungsbildendes Prinzip sein, sondern nur noch ein – allerdings sehr wichtiges – Element innerhalb der Komödie:

> „Doch ist das Tragische immer noch möglich, auch wenn die reine Tragödie nicht mehr möglich ist. Wir können das Tragische aus der Komödie heraus erzielen, hervorbringen als einen schrecklichen Moment, als einen sich öffnenden Abgrund, so sind ja schon viele Tragödien Shakespeares Komödien, aus denen heraus das Tragische aufsteigt." (TS, S. 122 f.)

Zusammengehörigkeit von Tragik und Komik

Dürrenmatt definiert auf diese Weise die Komödie neu. Für ihn hängen allerdings Tragisches und Komisches so eng zusammen, dass sie nicht in der Sache, sondern nur im Bewusstsein des Zuschauers unterschieden werden können. So sagt er in einem Gespräch:

> „Das Tragische und das Komische sind für mich so hauchdünn getrennt, sind für mich nicht sachlich unterschieden, sondern rein im Bewußtsein, rein psychologisch." (Arnold, 1990, S. 307)

Distanz des Zuschauers durch Komödienform

Dürrenmatt begründet seine Ablehnung der Tragödie und seine Entscheidung für die Form der Komödie noch von einem anderen Ansatz her. Seine Absicht ist es, dem Zuschauer die Identifikation mit dem dargebotenen Stoff und den vorgeführten „Helden" zu erschweren, um ihn so zu einer bewussten Auseinandersetzung mit der Handlung und den Personen zu bringen. Dazu ist die Distanz des Zuschauers zur Handlung notwendig. Dies leistet die Tragödie nach Dürrenmatts Ansicht nicht: „Die Tragödien stellen uns eine Vergangenheit als gegenwärtig vor, überwinden Distanz, um uns zu erschüttern." (TS, S. 136)

Die Komödie jedoch „schafft Distanz" (TS, S. 121) und ermöglicht damit dem Zuschauer, seinen kritischen Verstand zu gebrauchen, den Fall auf der Bühne mit seiner Wirklichkeit zu vergleichen und diese zu durchschauen. Damit werden Dürrenmatts Theaterstücke zu Gleichnissen der Wirklichkeit, „weil sie, als Zeitstücke gestaltet, Distanz schaffen wie die Komödien des Aristophanes. Sie wollen nicht Mitleid erwecken, sondern darstellen mit der Grausamkeit der Objektivität." (TS, S. 137)

Komödie als „Mausefalle"

Die Komödie hat für Dürrenmatt noch eine andere Funktion. Sie ist für ihn „eine Mausefalle, in die das Publikum immer wieder gerät und immer noch geraten wird" (TS, S. 124). Damit meint er, dass die Zuschauer sich ins Theater locken lassen, weil sie der Meinung sind, Bekanntes und Vergnügliches vorgespielt zu bekommen. Sie haben zunächst einen sicheren Standort vertrauter Erwartungen, Orientierungen und Vorstellungen. Von diesem aus lassen sie sich dann auf die Betrachtung eines fiktiven Spiels sowie auf Kombinationen und Bezüge ein, die sich in der Fiktion entwickeln. Dabei müssen sie aber erschreckt feststellen, dass ihnen diese vertraut geglaubten Wirklichkeitsbezüge entgleiten und dass sie einer grotesken Welt voller Bedrohung, Ausweg- und Sinnlosigkeit gegenübergestellt werden.

Wesen des Komischen

Wichtigstes Strukturmerkmal der Komödie ist das Komische. Es besteht für Dürrenmatt darin, „das Gestaltlose zu gestalten, das Chaotische zu formen“ (TS, S. 121). Komik ist für ihn ein aggressives Mittel zur Enthüllung. Sie hat für ihn nichts mit Gemütlichkeit zu tun, sondern mit menschlicher Freiheit:

> „Im Lachen manifestiert sich die Freiheit des Menschen, im Weinen seine Notwendigkeit. Wir haben heute die Freiheit zu beweisen. Die Tyrannen dieses Planeten werden durch die Werke der Dichter nicht gerührt […], nur eines fürchten sie: ihren Spott.“ (TS, S. 128)

Parodie

Eine Form dieses „Spotts“ der Dichter ist die Parodie. Dieser Begriff bezeichnet ein Verfahren zur Herabsetzung von Personen und Objekten, die Autorität und Respekt beanspruchen, die also in irgendeinem Sinn erhaben sind. Dürrenmatt beschreibt sein besonderes Verständnis von Parodie: Der „Künstler“ muss „die Gestalten, die er trifft, auf die er überall stößt, reduzieren, […]. Er parodiert sie, das heißt, er stellt sie im bewußten Gegensatz zu dem dar, was sie geworden sind. Damit aber, durch diesen Akt der Parodie, gewinnt er wieder seine Freiheit und damit den Stoff, der nicht mehr zu finden, sondern nur noch zu erfinden ist, denn jede Parodie setzt ein Erfinden voraus.“ (TS, S. 128)
In diesem Sinne sind seine Figuren, auch die Personen in *Die Physiker*, keine Abbilder der Wirklichkeit, sondern parodistische Umformungen der Realität.

Einfall und Zufall

KURZINFO

Verhinderung der Planbarkeit

- Das wichtigste Mittel, die Identifikation des Zuschauers mit dem Bühnengeschehen zu vermeiden, ist für Dürrenmatt der Einfall. Damit meint er einmal den Bühneneinfall des Autors, die Idee des Stücks.
- Außerdem versteht er darunter den Einbruch des Unvorhergesehenen. In diesem Sinne tritt er an die Stelle des früheren Schicksals und wird zum Zufall, der das Handeln des Menschen gerade in die Richtung zwingt, die er vermeiden will. Dieser Zufall führt meist zur „schlimmstmöglichen Wendung".

Das wichtigste Mittel, die Identifikation des Zuschauers mit dem Geschehen auf der Bühne zu vermeiden, ist für Dürrenmatt der Einfall:

> „Meine Kunst […] entsteht […] aus der Welt, aus dem Erlebnis, aus der Auseinandersetzung mit der Welt, und genau dort, wo die Welt in Kunst gleichsam überspringt, steht der Einfall: Weil die Welt mit ihren Ereignissen in mich einfällt (wie ein Feind oft in eine Festung), entsteht eine Gegenwelt, eine Eigenwelt als eine Gegenattacke, als eine Selbstbehauptung." (*Der Besuch der alten Dame*, S. 138)

Wirkung des Einfalls

In „Theaterprobleme" erklärt er die Wirkung des Einfalls:

> „Das Mittel nun, mit dem die Komödie Distanz schafft, ist der Einfall. Die Tragödie ist ohne Einfall. Darum gibt es auch wenig Tragödien, deren Stoff erfunden ist. Ich will damit nicht sagen, die Tragödienschreiber der Antike hätten keine Einfälle gehabt, wie dies heute etwa vorkommt, doch ihre unerhörte Kunst bestand darin, keine nötig zu haben. Das ist ein Unterschied. Aristophanes dagegen lebt vom Einfall. Seine Stoffe sind nicht Mythen, sondern erfundene Handlungen, die sich nicht in der Vergangenheit, sondern in der Gegenwart abspielen. Sie fallen in die Welt wie Geschosse, die, indem sie einen Trichter aufwerfen, die Gegenwart ins Komische, aber dadurch auch ins Sichtbare verwandeln." (TS, S. 121 f.)

Dürrenmatt stellt also fest:
- Die Komödie schafft Distanz zum Zuschauer durch den Einfall.
- Die meisten Tragödien brauchen keinen Einfall, da sie sich auf konkrete (historische oder mythische) Stoffe beziehen.

- Die Stoffe des Aristophanes beruhen zwar auf „Einfällen“, sind also frei erfunden, sie verlieren sich jedoch nicht im Fantastischen, sondern beziehen sich auf gegenwärtige Vorgänge.
- Der „Einfall“ bewirkt nun, dass dieser gegenwärtige Vorgang, die konkrete Situation ins Fantastische, Komische umgestaltet wird.
- Dadurch wird die gegenwärtige Situation bloßgestellt, also sichtbar gemacht. Absicht Dürrenmatts ist es also, die undurchschaubare Gegenwart dadurch sichtbar, durchschaubar zu machen, dass er sie verwandelt.

Einfall und Publikum

Außer dieser Distanz schaffenden Funktion hat der „Einfall“ für Dürrenmatt noch eine besondere Aufgabe in Bezug auf das Publikum:

> „Durch den Einfall, durch die Komödie wird das anonyme Publikum als Publikum erst möglich […]. Der Einfall verwandelt die Menge der Theaterbesucher besonders leicht in eine Masse, die nun angegriffen, verführt, überlistet werden kann, sich Dinge anzuhören, die sie sich sonst nicht so leicht anhören würde.“ (TS, S. 124)

Einfall als Idee des Stücks

Dürrenmatt meint mit „Einfall“ also einmal den Bühneneinfall des Autors, also die frühestmögliche Stufe eines Stücks, den vor dem Schreiben liegenden ersten Akt des dramatischen Gestaltungsvorgangs, die „Idee“ des Stücks. Durch den „Einfall“ in dieser Bedeutung wird für Dürrenmatt die Komödie zur schon genannten „Mausefalle“ für das Publikum.
Dürrenmatts Äußerung über die Stoffe des Aristophanes, die wie „Geschosse“ in die Wirklichkeit fallen, lässt erkennen, dass er unter „Einfall“ aber noch etwas anderes versteht, nämlich den Einbruch des Unvorhergesehenen, Unberechenbaren. Dadurch werden die Kausalität der Ereignisse, die Wahrscheinlichkeit des Geschehens und die Vorausplanung des Menschen außer Kraft gesetzt.

Einfall als Zufall

Der „Einfall“ in diesem Sinne tritt für Dürrenmatt an die Stelle des früheren Schicksals oder der Vorsehung. So wird der „Einfall“ zum „Zufall“, der das Handeln des Menschen in die Richtung zwingt, die er gerade vermeiden will, und der ihn so der Lächerlichkeit preisgibt.

Der „Zufall“, der meist in der Endphase des Geschehens eintritt, führt zur „schlimmstmöglichen Wendung“ des Geschehens. Diese Gedanken erläutert Dürrenmatt in den Punkten 4, 5 und 7–9 seiner *21 Punkte zu den „Physikern“*:

> „Die schlimmstmögliche Wendung ist nicht voraussehbar. Sie tritt durch Zufall ein.
> Die Kunst des Dramatikers besteht darin, in einer Handlung den Zufall möglichst wirksam einzusetzen.
> Der Zufall in einer dramatischen Handlung besteht darin, wann und wo wer zufällig wem begegnet.
> Je planmäßiger die Menschen vorgehen, desto wirksamer vermag sie der Zufall zu treffen.
> Planmäßig vorgehende Menschen wollen ein bestimmtes Ziel erreichen. Der Zufall trifft sie dann am schlimmsten, wenn sie durch ihn das Gegenteil ihres Ziels erreichen: Das, was sie befürchten, was sie zu vermeiden suchten (z. B. Ödipus).“ (91 f.)

Wirkung des Zufalls

Ein solcher wirkungsvoll eingesetzter „Zufall“ bewirkt, dass ein Handlungsablauf, der sein Ziel schon beinahe erreicht hat, im letzten Augenblick die Wende nimmt, die gerade vermieden werden soll.

> „Die betroffenen Figuren, die solchen Zufällen ausgesetzt werden, geraten aus der Rolle des Täters in die des ohnmächtigen Opfers, aus potentiellen tragischen Helden werden Narren. Ihre ‚Lächerlichkeit‘ wächst mit dem Grad ihres Engagements und der methodischen Sorgfalt ihres Vorgehens.“ (Profittlich, 1973, S. 28)

Zufall im traditionellen Drama

Auch in den traditionellen Dramen war der Zufall zugelassen, allerdings nicht als entscheidender Faktor, sondern als Faktor, der die Handlung in Gang bringt: als ausgelassene Chance, unvorhersehbare Gefahr, entscheidende Begegnung der Personen. Zufälle dieser Art verwendet Dürrenmatt ebenfalls. Kennzeichnend für seine besondere Art des Zufalls ist jedoch, dass er in der dramaturgischen Methode begründet ist, so dass ein wirksames Mittel gegen seine katastrophalen Folgen nicht mehr gefunden werden kann.

Zufall in *Die Physiker*

Um einen Zufall dieser Art handelt es sich in *Die Physiker*. Möbius hat auf Familie, Freiheit, Ruhm und Reichtum verzichtet und sich ins Irrenhaus zurückgezogen, um den wirtschaftlichen und militärischen Missbrauch seiner wissenschaftlichen Erkenntnisse zu verhindern. Er weiß, dass es die Vernichtung der Menschheit bedeuten kann, wenn sie in die Hände verantwortungsloser Staatsmänner fallen würden. Er geht sogar so weit, seine Krankenschwester zu töten, weil sie seine Normalität erkannt und seine Entlassung aus der Klinik in die Wege geleitet hat. Durch die Vernichtung seiner Unterlagen hat er auch nach bestem Vermögen die Gefahr vermieden, von Kiltons oder Eislers politischen Systemen missbraucht zu werden. Als er diese Kollegen dann noch überzeugt hat, dass es besser sei, zur Rettung der Menschheit im Irrenhaus zu bleiben, scheint er sein sorgfältig geplantes Ziel, die Welt vor der Zerstörung zu retten, erreicht zu haben. Doch jetzt bricht der „Zufall" in Gestalt der irrsinnigen Ärztin, in deren Hände er sich begeben hat, in die Planung von Möbius ein und bedingt die „schlimmstmögliche Wendung", die Katastrophe. Möbius scheitert somit mit seiner Vorstellung von einer planbaren, dem Gesetz der Vernunft unterworfenen Weltordnung.

Keine vernünftige Weltordnung

Dürrenmatt kommentiert dieses Geschehen in einem Gespräch:

> „Nennen Sie es Zufall oder nennen Sie es Schicksal. Möbius nimmt den falschen Weg: Er wählt das falsche Irrenhaus, in dem die Leiterin ebenfalls verrückt ist. Hätte er ein anderes gewählt, wäre das Ganze nicht passiert." (Arnold, 1990, S. 307)

Aber dieser Zufall, dass Möbius sich in die Obhut einer falschen Irrenärztin begibt, ist nur eine Bedingung unter anderen: Die Katastrophe konnte nur entstehen, weil Möbius in einer Welt alleine steht, die auf Ausbeutung seiner Erfindung bedacht ist. Erst durch diese Gesamtsituation gewinnt der an und für sich läppische Zufall seine schicksalhafte Bedeutung.
Auf dieses Problem weist Dürrenmatt in den Punkten 17 und 18 seiner *21 Punkte* hin:

> „Was alle angeht, können nur alle lösen.
> Jeder Versuch eines Einzelnen, für sich zu lösen, was alle angeht, muß scheitern." (92 f.)

Paradoxie und Groteske

KURZINFO

Mittel zur Darstellung der entfremdeten Welt

- Die Wirkung des Paradoxen beruht auf verblüffenden und befremdenden Gegensätzen, die die Erwartung des Zuschauers enttäuschen.
- Das wichtigste Stilmittel zur Darstellung des Paradoxen ist das Groteske, das beim Zuschauer sowohl Lachen als auch Entsetzen hervorruft. Durch dieses Darstellungsmittel werden gesellschaftliche Missstände so verzerrt und übertrieben dargestellt, dass sie der Zuschauer aus der Distanz heraus erkennt.

In enger Verbindung mit Dürrenmatts Komödienbegriff stehen die Begriffe des Paradoxen und des Grotesken. So schreibt der Autor in den Punkten 19 und 20:

> „Im Paradoxen erscheint die Wirklichkeit.
> Wer dem Paradoxen gegenübersteht, setzt sich der Wirklichkeit aus." (93)

Wesen des Paradoxen

Das „Paradoxe" ist also für Dürrenmatt ein Kennzeichen unserer modernen Welt. Die Paradoxie besteht darin, dass sie nur noch besteht, „weil die Atombombe existiert: aus Furcht vor ihr" (TS, S. 122).
An diesem Beispiel wird das Wesen des Paradoxen deutlich: Es beinhaltet Widersinnigkeit und Widersprüchlichkeit. Aber die Widersprüche des Paradoxen führen nicht zum Sinnlosen, Absurden, sondern erweisen sich in ihrer Verbindung durchaus als sinnvoll, es sind eigentlich nur scheinbar Widersprüche. Dinge, die dem Anschein nach miteinander unvereinbar sind, werden zu einer widersinnigen, aber nicht unsinnigen oder sinnlosen Einheit miteinander verbunden. Die Wirkung des Paradoxen beruht daher auf verblüffenden und befremdenden Gegensätzen, die die Erwartung des Zuschauers enttäuschen.

Paradoxien in *Die Physiker*

So widerspricht es z.B. dem gesunden Menschenverstand und verblüfft deshalb die Zuschauer, dass sich in *Die Physiker* die „Patienten" Möbius, Einstein und Newton schließlich als die Gesunden und die Irrenärztin als die eigentlich Geistesgestörte herausstellen. Ebenfalls paradox ist, dass die Ermordung der Krankenschwester, die die Entlarvung der Physiker verhindern sollte, diese umso sicherer der Ärztin ausliefert. Zu einem Paradoxon führt auch Möbius' durchaus vernünftige Bewertung der gesamten Situation:

> „Es gibt für uns Physiker nur noch die Kapitulation vor der Wirklichkeit. Sie ist uns nicht gewachsen. Sie geht an uns zugrunde. Wir müssen unser Wissen zurücknehmen, und ich habe es zurückgenommen. Es gibt keine andere Lösung, auch für euch nicht." (74)

Eine Kapitulation erfolgt in der Regel vor einer übermächtigen Wirklichkeit. Möbius meint aber das genaue Gegenteil: Weil die Wirklichkeit den Entdeckungen der Physiker nicht gewachsen ist, müssen sie kapitulieren, sich also zurücknehmen, auf Forschung verzichten. Auf der anderen Seite siegt schließlich doch die durch die Irrenärztin verkörperte Wirklichkeit über den sittlichen Entschluss der Physiker und macht diesen unwirksam.

> „So erfüllt sich Möbius' paradoxe Formulierung wörtlich, weil sie beides enthält: die ethische Forderung und die Unmöglichkeit, sie zu verwirklichen, die Gefährdung der Welt durch die Wissenschaft und das Scheitern des Individuums, das sie beheben möchte, an der gesichtslosen Wirklichkeit. Das Paradoxon dient der exakten Beschreibung einer grotesken Welt." (Charbon, 1974, S. 183)

Dürrenmatt will seine Orientierungslosigkeit in der labyrinthischen Welt kreativ bewältigen, indem er ihre Paradoxien auf der Bühne durchspielt. Paradox ist ebenfalls, dass er einen Sinn in einer Welt zu finden versucht, von deren Sinnlosigkeit er überzeugt ist.

Groteske als Mittel zur Darstellung des Paradoxen

Das wichtigste Stilmittel, das Paradoxe auf der Bühne darzustellen, ist für Dürrenmatt das Groteske. Es ist für ihn ein „sinnliches Paradox, die Gestalt […] einer Ungestalt, das Gesicht einer gesichtslosen Welt" (TS, S. 122). Das Groteske hat mit dem Paradoxen die Vereinigung von eigentlich Unvereinbarem gemeinsam. Das „Eigentliche des Grotesken" liegt „im lächerlich-grausen Ineinander des ursprünglich und wesenhaft Getrennten" (Grimm, zit. nach: Schmidt, S. 63), im „befremdlichen Nebeneinander von Lachen und Entsetzen", manchmal sogar im gleichzeitigen „Ineinander von Belustigung und Schaudern" (Rolf Geißler). Damit wird angesprochen, dass zum Grotesken oft zusätzlich ein fantastisches Element gehört, das beim Zuschauer die befremdliche, sowohl Lachen als auch Grauen auslösende Wirkung hervorruft.

Das Groteske als Sehweise der Realität

Das Groteske ist Ausdruck einer bestimmten Art und Weise, die Wirklichkeit zu sehen. Wolfgang Kayser spricht deshalb von der „entfremdeten Welt des Grotesken“:

> „Dazu gehört, daß, was uns vertraut und heimisch war, sich plötzlich als fremd und unheimlich enthüllt. Es ist unsere Welt, die sich verwandelt hat. Die Plötzlichkeit, die Überraschung gehört wesentlich zum Grotesken. […] Das Grauen überfällt uns so stark, weil es eben unsere Welt ist, deren Verläßlichkeit sich als Schein erweist.“ (Zit. nach: Schmidt, S. 61)

Das Groteske bildete die Grundstruktur der Kunst in Zeiten des Umbruchs und der Krisen. Es ist an das Vorhandensein einer erfahrbaren Wirklichkeit gebunden und unterscheidet sich dadurch vom Absurden: „Das Absurde verneint jeden sinnvollen Zusammenhang, nur in der Groteske gewinnt eine in sich logische, aber als Ganzes pervertierte Ordnung Gestalt.“ (Charbon, 1974, S. 182) Dürrenmatt hat die Überzeugung, die Groteske sei die einzige Möglichkeit, Geschehnisse darzustellen, die nicht mehr von früheren Helden wie Wallenstein oder Napoleon, sondern „von Weltmetzgern inszeniert und von Hackmaschinen ausgeführt werden“ (TS, S. 119).

Ebenso wenig wie das Komische ist für Dürrenmatt das Groteske Ausdruck einer nihilistischen Weltsicht. Es ist für ihn „nicht die Kunst der Nihilisten, sondern viel eher die der Moralisten. […] Sie ist unbequem, aber nötig“ (TS, S. 137). Damit meint er, dass durch dieses Darstellungsmittel gesellschaftliche Missstände so verzerrt und übertrieben werden, dass sie der Zuschauer erkennt und in Zwiespalt zwischen Lachen und Grauen gerät.

Verfremdung durch groteske Darstellung

Das Vertraute enthüllt sich ihm plötzlich als fremd und unheimlich. Er rückt so in Distanz zum Geschehen und erkennt dadurch deutlicher dessen mögliche schreckliche Folgen. In der grotesken Gestaltung glaubt Dürrenmatt eine äußerste Möglichkeit gefunden zu haben, die Gewinnung von Distanz und poetische Darstellung noch erlaubt.

Dürrenmatt und Brecht

KURZINFO

Brechts episches Theater und Dürrenmatts Welttheater

- Dürrenmatts Theater ist ohne Brechts Einfluss nicht denkbar, auch wenn er Brechts ideologischen Überbau ablehnt.
- Brechts Grundsätze des „epischen Theaters“, sein Verfremdungseffekt und die Vermeidung der Identifikation des Zuschauers mit dem Dargestellten sind aber für seine „Komödie als Welttheater“ selbstverständlich.

Brechts Theaterkonzeption

Dürrenmatts Komödienbegriff ist ohne Brechts Konzeption des „epischen Theaters“ nicht sachgemäß zu verstehen. Unter „epischem Theater“ versteht man die von Brecht ausgearbeitete Alternative zum klassischen aristotelischen Drama, die in die dramatische Darbietung erzählende (d. h. epische) Elemente einfügt. Das Geschehen läuft dabei nicht dramatisch auf Höhepunkt und dann Katastrophe oder Lösung zu, sondern wird in seinen verschiedenen Möglichkeiten vorgeführt und immer wieder von reflektierenden und argumentierenden Elementen (z. B. Songs) unterbrochen. Gegenstand des Spiels ist für Brecht der „veränderliche und veränderte Mensch“. Dabei sollen die auf der Bühne vorgeführten („demonstrierten“) Verhaltensweisen als gesellschaftlich bedingt und daher mit der Gesellschaft veränderbar erkannt werden.

Mittel der Verfremdung

Brecht lehnt die Identifikation des Zuschauers mit dem Bühnengeschehen ab. An ihrer Stelle soll es zu einer Distanzierung vom Geschehen durch Mittel der Verfremdung kommen. Solche sind z. B. Reflexionen, Kommentare, Inhaltsangaben auf Texttafeln, Zwischentexte, Projektionen, filmische Elemente, Songs, das Aus-der-Rolle-Treten der Schauspieler und ihre Wendung zum Publikum.

Aufhebung der Illusion

Die dadurch erreichte Verfremdung soll die Illusion immer wieder aufheben und dem Zuschauer den Spiel- oder Parabelcharakter des Stücks bewusst machen. Sie hat die Aufgabe, den Zuschauer aus seiner emotionalen, d. h. kritik- und daher folgenlosen, Identifikation mit Personen und Geschehen auf der Bühne herauszureißen und stattdessen seine Kritikbereitschaft zu wecken. Er soll auf diese Weise erkennen, dass die kapitalistische Gesellschaftsordnung zugunsten einer sozialistischen verändert werden muss.

Brechts Geschichtsoptimismus

Für Brecht haben die emotionalen Wirkungen des Theaters nur insofern eine Berechtigung, als sie die Bereitschaft des Publikums wecken, gegen die Missstände der vorhandenen und für eine veränderte Gesellschaftsordnung zu kämpfen. Hinter dieser Auffassung steht sein Geschichtsoptimismus. Er zeigt eine Gesellschaft, die die Chance zur Wende zu einer neuen Zeit hat. Er glaubt an die positive Veränderbarkeit des Menschen und der Gesellschaft zum Sozialismus hin, und zwar durch das Engagement Einzelner, und spricht der Kunst und besonders dem Theater dabei Mitwirkungsmöglichkeiten zu.

Dürrenmatts Auffassung

Gerade dieser Auffassung widerspricht Dürrenmatt. Seiner Ansicht nach verändert der Mensch zwar die Welt, nicht aber sich selbst. Deshalb wird er schließlich ein Opfer der von ihm veränderten Welt. Dürrenmatt lehnt jegliche Ideologie in der Dichtung ab, da es deren Wesen entspreche, die eigenen Aussagen zu verabsolutieren und die Weltsicht dadurch unzulässig einzuengen. Diese Ablehnung begründet sich mit Dürrenmatts Bild einer chaotischen, vom Künstler nicht zu erfassenden Welt. Für ihn ist der Mensch mit Mächten konfrontiert, die sich seiner Kontrolle entziehen. Dürrenmatt hat keine Lösungen, aber er hofft, durch die Provokation des Zuschauers mittels Lachen und Entsetzen Anstöße zu möglichen Veränderungen zu geben. Auf die Frage, ob der Dichter die Welt verändern könne, antwortete er in einem Gespräch: „Beunruhigen im besten, beeinflussen im seltensten Fall, verändern nie.“ (Bienek, Hrsg., 1962, S. 109)

Ablehnung von Ideologien

Gemeinsamkeiten Brecht – Dürrenmatt

Allerdings übernimmt Dürrenmatt Brechts Grundsätze des epischen Theaters, den Verfremdungseffekt und den Grundsatz der Nicht-Identifikation des Zuschauers. Diese Grundsätze sind für ihn selbstverständlich, Brechts episches Theater erscheint ihm aber als ein unzureichender Schritt in diese Richtung. Für ihn liegt der Verfremdungseffekt „nicht in der Regie“ wie bei Brecht, „sondern im Stoff selbst“ (Komödien III, S. 180).

„Welttheater“

Die dramatische Form, die dem Zuschauer die Identifikation mit dem Bühnengeschehen grundsätzlich erschwert, ist seine Form der „Komödie als Welttheater“. Sie ist für ihn das „Theater der Nicht-Identifikation schlechthin“. Indem der Zuschauer lacht, distanziert er sich, und damit ist durch das paradoxe Geschehen auf der Bühne, dargestellt mit dem Stilmittel des Grotesken, die Nicht-Identifikation erreicht:

> „Das Komische muß uns nicht ‚nahe gehen' wie das Tragische, um auf uns zu wirken, das Komische wirkt auf uns, weil wir von ihm Abstand nehmen, unser Gelächter ist die Kraft, die den komischen Gegenstand von uns wegtreibt." (Komödien III, S. 179)

Dürrenmatts Auffassung vom Publikum

Im Hinblick auf die Einschätzung des Publikums unterscheidet sich Dürrenmatt ebenfalls von Brecht. Für ihn ist dieses unberechenbar und will mehr oder weniger genießen. Deshalb sei das kritisch nachdenkende, „wissenschaftliche" Publikum, auf das Brecht hofft, eine Illusion. Er meint, dass der Zuschauer immer nur zum Teil Distanz zum Bühnengeschehen gewinnt:

> „Der Zuschauer identifiziert sich unwillkürlich mit dem Geschehen auf der Bühne, während des Spiels nimmt er unwillkürlich an, das Geschehen sei ‚wirklich', aus dem simplen Grunde, weil er mitspielt." (Komödien III, S. 119)

Dürrenmatt meint, das Publikum könne höchstens „überlistet" werden, sich auf der Bühne Dinge anzusehen, die es im Allgemeinen verdränge, und dazu sei seine „Komödie" als „Mausefalle" besser geeignet als Brechts Mittel zur Verfremdung.

„Modell Scott"

Dürrenmatt veranschaulicht seine Form des Theaters und seine Stilmittel in den „dramaturgischen Überlegungen" zu seinem Drama *Die Wiedertäufer*. Dort entwirft er am Beispiel des Polarforschers Robert Falcon Scott verschiedene Modelle dramaturgischer Bearbeitungen desselben Stoffs und stellt in diesem Zusammenhang die Unterschiede zwischen einer eigenen Bearbeitung und (fiktiven) Bearbeitungen von Shakespeare und Brecht heraus. Der britische Südpolarforscher (1868–1912) kam im Wettlauf um den Pol erst nach dem Norweger Amundsen dort an und erfror auf dem Heimweg nach langen Entbehrungen:

Shakespeares und Brechts Darstellung

> „Shakespeare hätte das Schicksal des unglücklichen Robert Falcon Scott doch wohl in der Weise dramatisiert, daß der tragische Untergang des großen Forschers durchaus dessen Charakter entsprungen wäre, Ehrgeiz hätte Scott blind gegen die Gefahren der unwirtlichen Regionen gemacht, in die er sich

> wagte, Eifersucht und Verrat unter den anderen Expeditionsteilnehmern hätte das Übrige hinzugetan, die Katastrophe in Eis und Nacht herbeizuführen; bei Brecht wäre die Expedition aus wirtschaftlichen Gründen und Klassendenken gescheitert, die englische Erziehung hätte Scott gehindert, sich Polarhunden anzuvertrauen, er hätte zwangsläufig standesgemäße Ponys gewählt, der höhere Preis wiederum dieser Tiere hätte ihn genötigt, an der Ausrüstung zu sparen […].“ (Komödien III, S. 175)

Standpunkt Dürrenmatts

Shakespeare geht also in Dürrenmatts Augen von der geschichtsgestaltenden Kraft des Menschen aus. Aus den Prägungen und Antrieben des menschlichen Charakters heraus entstehen die Motive, die auf das Geschehen einwirken und zum Glück oder Unglück der Betroffenen werden. Diese Konzeption ist für Dürrenmatt überholt. Die Geschichte als Ablauf von politischen Schachzügen, wirtschaftlichen oder kriegerischen Auseinandersetzungen untersteht seiner Ansicht nach nicht mehr dem Wirkungsbereich des Einzelnen.

Dürrenmatt lehnt aber auch Brechts Konzeption ab. In parodistischer Übertreibung des Brecht'schen Theaters trifft er doch dessen Kern: Auch Brecht hält an der Fähigkeit des Menschen fest, geschichtlich handeln zu können, auch wenn er den Menschen als komplexes Resultat gesellschaftlicher Kräfte und Gegenkräfte sieht und sein Bewusstsein als Prägung durch seine gesellschaftliche Lage begreifbar zu machen versucht.

Dürrenmatts Modell

Im Gegensatz dazu beschreibt Dürrenmatt sein eigenes Modell:

> „Doch wäre auch eine Dramatik denkbar, die Scott beim Einkaufen der für die Expedition benötigten Lebensmittel aus Versehen in einen Kühlraum einschlösse und in ihm erfrieren ließe. Scott, gefangen in den endlosen Gletschern der Antarktis, entfernt durch unüberwindliche Distanzen von jeder Hilfe […] stirbt tragisch, Scott, eingeschlossen in den Kühlraum durch ein läppisches Mißgeschick, mitten in einer Großstadt, nur wenige Meter von einer belebten Straße entfernt, zuerst beinahe höflich an die Kühlraumtüre klopfend, rufend, wartend, […] dann an die Türe polternd, darauf schreiend und hämmernd, immer wieder, während sich die Kälte eisiger um ihn legt, […] dieser Scott nimmt ein noch schrecklicheres Ende […], aus einer tragischen Gestalt ist eine komische geworden, […] eine Gestalt komisch allein durch ihr Geschick:

> Die schlimmstmögliche Wendung, die eine Geschichte nehmen kann, ist die Wendung in die Komödie." (Komödien III, S. 175 f.)

Einbruch des Zufalls

Die Kausalität der Ereignisse und die Vorausplanung des Menschen, also die traditionellen geschichtlichen Elemente, werden für Dürrenmatt außer Kraft gesetzt „durch den unvorhergesehenen und unkontrollierbaren Einbruch eines Zufalls, der alles in eine andere, endgültige, den Menschen der Lächerlichkeit preisgebende Richtung zwingt" (Durzak, 1984, S. 181). Die „schlimmstmögliche Wendung" des Geschehens zur „Komödie" hin ist für Dürrenmatt die Wendung des Geschehens, die Wünsche und Planungen des Menschen zunichte macht, so dass das Gegenteil, das gerade vermieden werden soll, eintritt. Aber Dürrenmatt gibt die Hoffnung nicht auf, dass durch das Zusammenfallen von Lachen und Entsetzen, von Erheiterung und Schrecken Veränderungsimpulse möglich sind.

Zusammenfassung

Zusammenfassend lässt sich sagen, dass Dürrenmatts Theater ohne Brechts Einfluss nicht denkbar ist. Dürrenmatt lehnt zwar Brechts ideologischen Überbau ab und glaubt nicht an die gesellschaftsverändernde Wirkung des Theaters. Aber Brechts Grundsätze des epischen Theaters, der V-Effekt und die Nicht-Identifikation des Zuschauers mit dem Dargestellten, sind für ihn selbstverständliche Grundsätze des modernen Theaters und durch seine Form des Theaters, der „Komödie als Welttheater", zu verwirklichen.

Andere Gestaltungen des Themas

Bertolt Brecht, *Leben des Galilei*

KURZINFO

Die Physiker* als Gegenentwurf zu Brechts *Leben des Galilei

- Der Physiker Galilei verleugnet unter dem Druck der Inquisition seine Forschungsergebnisse von der zentralen Stellung der Sonne, deren Folgen die Machtposition der Kirche bedrohen und das Sozialsystem verändern würden. Er beurteilt seinen aus Angst vor der Folter geäußerten Widerruf als Verrat, da er sich der sozialen Verantwortung des Wissenschaftlers entzogen hat. Während seiner Gefangenschaft forscht er jedoch weiter und macht von seinen Ergebnissen eine Abschrift, die sein Schüler weitergibt.
- Hintergrund der verschiedenen Gestaltung des Stoffes ist die unterschiedliche Geschichtsauffassung der beiden Dramatiker. Brecht glaubt von seiner marxistischen Position aus an eine letztlich positive Entwicklung. Dürrenmatt teilt diesen Geschichtsoptimismus nicht und zeigt das Versagen der Weltordnung und die Ohnmacht auch des verantwortungsbewussten Menschen.

Inhalt und Thematik

Der historische Galilei

Die Hauptperson von Bertolt Brechts Theaterstück *Leben des Galilei* ist der berühmte italienische Naturwissenschaftler Galileo Galilei (1564–1642). Ziel seiner wissenschaftlichen Arbeit war unter anderem der Beweis der Lehre des Nikolaus Kopernikus (1473–1543), der das heliozentrische Weltbild vertritt, wonach die Sonne im Mittelpunkt der Planetenbahnen steht, die Erde sich täglich um ihre Achse dreht und vom Mond umkreist wird. Diese Lehre, auf der unser modernes Weltbild aufbaut, löste die Lehre vom geozentrischen Weltbild des Claudius Ptolemäus (ca. 85–160) aus Alexandria ab, wonach die Erde im Mittelpunkt der Welt ruht und von sieben Planeten umkreist wird.

Fassungen des Stücks

Brechts Stück liegt in drei Fassungen vor. 1938/39 entsteht die erste, die zweite 1945/46. Die dritte, maßgebliche, schreibt er 1955 als Überarbeitung der zweiten für sein „Berliner Ensemble". Anstoß für die Dramatisierung des Lebens von Galilei war für Brecht die Nachricht von der ersten Spaltung des Urankerns durch Otto Hahn 1938. Er erkannte darin den Beginn eines neuen Zeitalters, das in seiner Bedeutung der „kopernikanischen Wende" im 16. Jahrhundert vergleichbar schien.

Handlung des Stücks

Die Handlung reicht von 1609 bis 1642. Galilei erkennt, dass eine neue Zeit anbricht, dass ein neues Weltbild entsteht, das große soziale Erschütterungen mit sich bringt. Um seine finanziellen Probleme zu lösen, gibt er die holländische Erfindung des Fernrohrs als seine eigene aus. Mit der Entdeckung der Jupitermonde gelingt ihm ein entscheidender Beweis für das von Kopernikus theoretisch entwickelte Weltbild. Durch seine Forschungen gerät er aber in Konflikt mit der Kirche, die zugleich die staatliche Macht darstellt. Im Jahre 1616 bestätigt zwar zunächst das Vatikanische Collegium Romanum Galileis Entdeckungen, im gleichen Jahr verbietet jedoch die Inquisition die kopernikanische Lehre, was zu einem achtjährigen Schweigen Galileis führt.
Nach der Thronbesteigung des wissenschaftlich gebildeten Papstes Urbans VIII. setzt Galilei seine Forschungen mit neuer Begeisterung fort. Seine Erkenntnisse werden populär. Doch die Inquisition zwingt ihn, die Lehre von der zentralen Stellung der Sonne und von der Bewegung der Erde öffentlich zu widerrufen. Seine enttäuschten Freunde und Schüler verlassen ihn, und er verbringt die letzten Lebensjahre als Gefangener der Kirche in seinem Haus. Doch trotz ständiger Überwachung gelingt es ihm, die *Discorsi*, ein wichtiges Werk über Mechanik und Fallgesetze, von einem ehemaligen Schüler über die Grenze bringen zu lassen.

Kernprobleme

Die zentralen Fragen des Stücks lauten:

1. Hat sich Galilei an der Idee der Wissenschaften versündigt, weil er unter dem Druck der Inquisition die Wahrheit verleugnete, oder hat er der Wahrheit einen Dienst erwiesen, weil er durch seinen Widerruf sein Lebenswerk im Geheimen vollenden und damit die Grundlagen für die modernen Naturwissenschaften schaffen konnte?
2. Haben die Wissenschaftler die Verantwortung für die aus ihren Erfindungen erwachsenden sozialen Folgen zu tragen?

Unterschiedliche Gestaltung der Hauptfigur

Die Antworten, die Brecht in den verschiedenen Fassungen gibt, sind unterschiedlich. 1938, in der 1. Fassung, kommt es ihm darauf an, Galileis Verhalten zu rechtfertigen. In den späteren Fassungen sieht er ihn jedoch als

Ahnherrn jener Wissenschaftler, die ihren Beruf allein um der Wissenschaft willen betreiben und darüber ihre Verantwortung der Gesellschaft gegenüber vergessen.

Bevor es zum Widerruf Galileis kommt, verurteilt Galilei einen ehemaligen Schüler, der sich in einem Buch gegen die kopernikanischen Lehren ausgesprochen hat, recht deutlich: „Wer die Wahrheit nicht weiß, der ist bloß ein Dummkopf. Aber wer sie weiß und eine Lüge nennt, der ist ein Verbrecher." (*Leben des Galilei*, 1977, S. 81) Damit spricht sich Galilei selbst sein Urteil in Bezug auf seinen späteren Widerruf.

Aufgabe des Wissenschaftlers nach Galilei

Rückblickend meint er, es müsse die eigentliche Aufgabe des Wissenschaftlers sein, „die Mühseligkeit der menschlichen Existenz zu erleichtern" (S. 125). Da aber „selbstsüchtige Machthaber" (ebd.) Wissenschaftler bestechen oder einschüchtern, um das Wissen ihren Zwecken dienlich zu machen, kann das Ziel des Wissenschaftlers nur erreicht werden, wenn diese Machthaber beseitigt werden. Das kann aber nur geschehen, wenn die Ergebnisse wissenschaftlicher Arbeit dem Volke zugänglich gemacht werden. Dies wäre Galilei möglich gewesen. Da er aber widerrufen hat, „wird der Großteil der Bevölkerung von ihren Fürsten, Grundbesitzern und Geistlichen in einem perlmutternen Dunst von Aberglauben und alten Wörtern gehalten, welcher die Machinationen dieser Leute verdeckt" (S. 124 f.).

Selbstverurteilung Galileis

Aus dieser Sicht verurteilt Galilei selbst seinen Widerruf, den er aus Furcht vor körperlichem Schmerz geleistet habe, obwohl er sich „einige Jahre lang […] ebenso stark wie die Obrigkeit" (S. 126) fühlte. Er bezeichnet sich als Verräter, da er sich der sozialen Verantwortung des Wissenschaftlers entzogen habe. Er macht sich dafür verantwortlich, dass Wissenschaft nach seinem Widerruf „nur ein Fortschreiten von der Menschheit weg" (S. 125) sein könne.

Eine weitere Folge seines Fehlverhaltens könne sein, dass der „Jubelschrei" der Wissenschaftler „über irgendeine neue Errungenschaft von einem universalen Entsetzensschrei beantwortet werden könnte" (S. 126). Wissenschaftler, die sich den Machthabenden unterordnen und ihr Wissen nicht „zum Wohle der Menschheit anwenden", bezeichnet Galilei als „Geschlecht erfinderischer Zwerge, die für alles gemietet werden können" (ebd.).

Dies ist ein Zusatz von Brecht in der letzten Fassung und eine deutliche Anspielung auf das Verhalten der Wissenschaftler im und nach dem Zweiten Weltkrieg. Galilei bleibt trotz seiner Selbstverurteilung aber zuversichtlich, denn er glaubt an den Anbruch eines neuen Zeitalters. Er hofft auf einen Erfolg seines ehemaligen Schülers Andrea, der „die Wahrheit unter dem Rock" trägt und sie, Galileis *Discorsi*, außer Landes bringt. In dieser Lösung zeigt sich Brechts Geschichtsoptimismus.

Galileis Optimismus

Vergleich mit Dürrenmatt, *Die Physiker*

Dürrenmatts Stück stellt einen Gegenentwurf zu Brechts *Leben des Galilei* dar, und zwar bis in inhaltliche und formale Einzelheiten.

Gefangenschaft

- Galilei wird zum Gefangenen der Inquisition. Die drei Physiker sind zwar freiwillig ins Irrenhaus gegangen, aber objektiv zu Gefangenen der Irrenärztin geworden.

Forschungen

- Galilei schreibt während seiner Gefangenschaft seine *Discorsi*, die die Kirche verwahrt. Er macht aber heimlich eine Abschrift, um sein Wissen weitergeben zu können. Möbius forscht im Irrenhaus weiter und macht Aufzeichnungen, die er aber nicht veröffentlichen will. Die Irrenärztin kopiert sie heimlich und wird sie für ihre Zwecke auswerten.

Widerruf

- Galilei widerruft aus Angst und sieht sich deshalb aus den Reihen der Wissenschaftler ausgeschlossen. Möbius weigert sich, sein Wissen weiterzugeben, und will aus Verantwortungsgefühl nicht in die Gemeinschaft der Wissenschaftler zurückkehren.
- Galilei sieht seinen Widerruf als unverantwortliches Handeln an. Möbius betrachtet die Zurücknahme seines Wissens als Ausdruck seiner Verantwortung.

Verrat und Verantwortung

- Freude am guten Leben und Angst vor Schmerz lassen Galilei zum „sozialen Verräter" werden. Aus Verantwortung der Menschheit gegenüber verzichtet Möbius auf Familie, Karriere und den damit verbundenen Wohlstand.

Selbstbeurteilung

- Galilei spricht sich selbst schuldig. Er ist wegen seiner Schwäche und seinem Versagen kein Held. Möbius wird in seiner Verstrickung gezeigt. Er bekennt sich zu seiner Verantwortung, aber sein „Heldentum" ist sinnlos.

Formale Unterschiede

Formal gesehen, bestehen deutliche Unterschiede zwischen den Stücken:
- Brecht gestaltet in 15 Bildern einen Zeitraum von ca. 28 Jahren und verwendet eine Reihe epischer Elemente zur Demonstration seiner Aussageabsicht. Dürrenmatt legt, wenn auch mit ironischer Brechung, Wert auf die Einhaltung der drei Einheiten von Raum, Zeit und Handlung. Er verwendet nur am Anfang (Bühnenanweisung) und am Schluss (Epilog) epische Elemente.
- Brecht will die Wirklichkeit als veränderbar aufzeigen; Dürrenmatt stellt sie als widersinnig, paradox dar.
- Brecht fordert konkret dazu auf, den Missbrauch der Wissenschaft zu verhindern; Dürrenmatt zeigt, dass mit dem Schlimmsten gerechnet werden muss. Brecht gestaltet nach historischen Ereignissen ein argumentativ aufgebautes Geschichtsdrama, in das er die Probleme der Gegenwart projiziert. Dürrenmatt verfremdet in einer grotesken „Komödie" diese Probleme.

Unterschiedliche Geschichtsauffassungen

Hintergrund der unterschiedlichen Gestaltung ist die unterschiedliche Geschichtsauffassung beider Dramatiker. Brecht glaubt von seiner marxistischen Position aus an eine sinnvolle Gesamtentwicklung. Galilei als historisch handelndes Subjekt hätte eine einzigartige Möglichkeit gehabt, die Wirklichkeit zu verändern. Aber trotz seines Versagens verläuft die historische Entwicklung im Sinne des Fortschritts.
Dürrenmatts Geschichtsbild ist durch Irrationalität und Einwirken des Zufalls gekennzeichnet. Er teilt nicht Brechts Geschichtsoptimismus und meint, die Wirklichkeit könne nicht vom Einzelnen verändert, sondern müsse ertragen werden. Die Physiker, so zeigt er, sind ohnmächtig. Trotz oder gerade wegen Möbius' konsequenter Haltung ist die „schlimmstmögliche Wendung" nicht vermeidbar. Die Welt ist, wenn überhaupt, dann nur von allen und wieder durch Zufall zu retten.

Verhältnis *Leben des Galilei* – *Die Physiker*

In seinem Stück setzt sich Dürrenmatt mit Brechts *Leben des Galilei* auseinander. Man kann das Verhältnis beider Stücke so sehen, dass *Die Physiker* eine „Zurücknahme" von Brechts Stück darstellen: Galilei verwendet seine ganze Kraft auf die Durchsetzung der Wahrheit, die er als Fortschritt versteht. Möbius versucht vergeblich, die tödliche Wahrheit zurückzuhalten, weil er bzw. sein Autor die Katastrophen von Hiroshima und Nagasaki kennt, die Brecht erst in den späteren Fassungen seines Stücks verarbeiten konnte.

Brechts Intentionen

Seine erste Fassung schrieb er 1938/39 vor dem Hintergrund des Faschismus und des sich abzeichnenden Weltkriegs. In ihr ging es Brecht noch um die Demonstration, dass Wissen mit List auch in einer Diktatur weitergereicht werden kann und muss. In den beiden anderen Fassungen forderte er angesichts der veränderten politischen und militärischen Situation, der einzelne Wissenschaftler dürfe seine Verantwortung der Menschheit gegenüber nicht dadurch verraten, dass er sein Wissen den Machthabern überliefere.

Dürrenmatts Intention

Dürrenmatt gestaltete sein Stück ausschließlich vor dem veränderten politischen Kontext, als das einmal Gedachte, nämlich Atombombe und Wasserstoffbombe, schon bedrohliche Wirklichkeit geworden war. Allerdings wird seine Erkenntnis, das schon Gedachte könne nicht mehr zurückgenommen werden, auch von Brecht geteilt, wenn er Galileis Forschungsergebnisse mit Andrea die Landesgrenze überschreiten lässt.

Problematik einer „Zurücknahme" Brechts

Gemeinsam ist beiden Stücken die Demonstration der Autonomie des wissenschaftlichen Denkens, das sich durchsetzt, bei Brecht zum Wohle der Menschheit, bei Dürrenmatt zu deren Schaden. Wegen des unterschiedlichen weltanschaulichen Hintergrundes und der daraus resultierenden unterschiedlichen dramatischen Gestaltungsform ist es jedoch problematisch, von einer „Zurücknahme" Brechts durch Dürrenmatt zu sprechen. Eine solche könnte höchstens darin gesehen werden, dass Dürrenmatt die hypothetische Frage stellt, was in Zukunft geschehen könnte, wenn ein heutiger Physiker gegen den Willen der Mächtigen Galileis Schicksal auf sich nähme, sein Wissen also freiwillig zurückhielte, um die Menschheit vor Schaden zu bewahren. Der Zuschauer sieht Dürrenmatts Antwort auf der Bühne: Auch wenn heutige Wissenschaftler ihr Wissen verschweigen, wird es gefährlich, weil es auf Dauer nicht zu verschweigen ist. Er weist jedoch nicht dem Einzelnen Schuld zu, sondern zeigt das Versagen einer Weltordnung, die Übernahme persönlicher Verantwortung nicht gestattet. Sein Stück ist offener und aussichtsloser als das Brechts.

Heinar Kipphardt, *In der Sache J. Robert Oppenheimer*

KURZINFO

Die Unmöglichkeit politischer und moralischer Neutralität

- Kipphardts Dokumentarstück (1964) beruht auf den Untersuchungsergebnissen im Verfahren um den amerikanischen Atomphysiker und maßgeblichen Mitarbeiter am Projekt der Atombombe Oppenheimer. Weltpolitischer Hintergrund ist der Kalte Krieg, die politische und ideologische Auseinandersetzung zwischen der UdSSR und den USA.
- Der Atombombenabwurf setzte bei Oppenheimer und einigen seiner Kollegen einen Umdenkungsprozess in Gang. Zwar wollten sie an ihrer Loyalität der Regierung gegenüber festhalten, aber sie bekannten sich auch zur Verantwortung des Wissenschaftlers der Menschheit gegenüber.

Inhalt und Thematik

Dokumentartheater

Kipphardts Theaterstück (1964) ist ein Dokumentarstück. Das dokumentarische Theater versucht die Zuschauer durch die Konfrontation mit ausgewähltem und gestaltetem dokumentarischen Material zu einem Denkprozess anzuregen und das Bewusstsein für die angesprochene Problematik zu schärfen.

Historisches Geschehen

Das Stück greift das Untersuchungsverfahren um den amerikanischen Atomphysiker und „Vater der Atombombe“ Oppenheimer auf, das im Jahre 1954 während der „McCarthy-Ära“ stattfand, die von Kommunistenfurcht geprägt war und in den USA eine Atmosphäre des Misstrauens und des Denunziantentums bewirkte. Weltpolitischer Hintergrund ist der Kalte Krieg, die politische und ideologische Auseinandersetzung zwischen der Sowjetunion und den USA sowie den jeweiligen Verbündeten.

Probleme

Neben der Verantwortung des Wissenschaftlers für die Folgen seiner Erfindungen wird der Zwiespalt zwischen der Loyalität zum Staat und der Loyalität zu den Menschen thematisiert.

Handlung

Wegen seiner früheren Kontakte zu Bekannten, die der KP angehörten, seiner kommunistenfreundlichen Einstellung bis 1947 sowie seiner zögerlichen Haltung zur Entwicklung der Wasserstoffbombe wird Oppenheimer mangelnde Loyalität zu den USA vorgeworfen.

Im ersten Teil des Stücks geht es um die Aufklärung der Vorgeschichte, in der 7. Szene tritt das Verhör in seine entscheidende Phase. Als Thema wird angegeben: „Loyalität einer Regierung gegenüber, Loyalität gegenüber der Menschheit" (In der Sache J. Robert Oppenheimer, 1981, S. 80). Ab dieser Szene wird der Hauptvorwurf gegen Oppenheimer verhandelt, nämlich die Behinderung der Entwicklung der H-Bombe. Das Verhalten Oppenheimers wird vom Sicherheitsausschuss als mangelnde Loyalität gegenüber der US-Regierung ausgelegt.

Keine eindeutige Position der Hauptfigur

Oppenheimer vertritt keine eindeutige Position. Seine Aussagen lassen sich nur schwer mit seinem tatsächlichen Verhalten vereinbaren. Die moderne Wissenschaft ist für ihn Herausforderung und Faszination. An der Wasserstoffbombe hätten ihn die „wissenschaftlichen Ideen fasziniert" (S. 86). Andererseits ist er sich der Gefahren der H-Bombe bewusst, da sie die Vernichtung irdischen Lebens in sich birgt. Nach einem Dritten Weltkrieg, in dem diese Bomben zum Einsatz kämen, gäbe es keine „Sieger und keine Besiegten", sondern nur „achtundneunzigprozentig und hundertprozentig Vernichtete" (ebd.). Deshalb hält er es für ratsam, eine internationale Verzichterklärung anzustreben. Der Atombombenabwurf auf Hiroshima hatte bei Oppenheimer und einigen seiner Kollegen ein Umdenken im Hinblick auf die Atombombe in Gang gesetzt. Den Wissenschaftlern wurde erstmals die Vernichtungskapazität der Waffe deutlich vor Augen geführt. Auch bezüglich der H-Bombe befürchtet Oppenheimer, dass sie tatsächlich eingesetzt wird. Deshalb fordert er politische Maßnahmen, damit sie nicht zum Einsatz kommt.

Die Verantwortung des Wissenschaftlers für die negativen Folgen seiner Erfindung lehnt er jedoch ab und will seine Loyalität gegenüber der Regierung bewahren. Er hat dabei allerdings Skrupel, weil er das Problem darin sieht, dass die „Regierungen den neuen Ergebnissen der Naturwissenschaften nicht [...] gewachsen" seien (S. 88 f.). Deshalb wären „neue Formen des politischen Zusammenlebens" (S. 89) notwendig.

Oppenheimers gespaltene Einstellung zwischen Faszination und Furcht lässt sich auch darin erkennen, dass er gleichzeitig Angst vor dem Gelingen und dem Misslingen des Atombombentests hatte. Der Zwiespalt ist das Ergebnis eines Wissensdranges, der Voraussetzung für den Fortschritt ist, aber auch die Möglichkeit des Untergangs der Menschheit bedeuten kann.

Intention

Am Beispiel Oppenheimers zeigt sich die Unmöglichkeit politischer und moralischer Neutralität angesichts der Tragödie wissenschaftlicher Entdeckungen. Gerade das Wissen, dass es keine übergreifende Autorität gibt, die den Einsatz von Erfindungen regelt, und dass partikulare Machtinteressen das politische Handeln bestimmen, fordert die persönliche Verantwortung des Wissenschaftlers. Dies erkennt Oppenheimer, als er sich fragt, ob „wir den Geist der Wissenschaft nicht verraten haben, als wir unsere Forschungsarbeiten den Militärs überließen, ohne an die Folgen zu denken" (S. 146).

Vergleich mit Dürrenmatt, *Die Physiker*

Gemeinsamkeiten Oppenheimer – Möbius

Oppenheimer dient wie Möbius einer übermenschlichen Macht als Instrument, ihre machtpolitischen Interessen durchzusetzen. Beide glauben, handeln zu können, während in Wirklichkeit über sie verfügt wird. Am Ende kommt Oppenheimer zur Einsicht: „Wir haben die Arbeit des Teufels getan, und wir kehren nun zu unseren wirklichen Aufgaben zurück." (S. 147) Zu diesen „wirklichen Aufgaben" gehört die „Forschung", denn, so meint er, „wir können nichts Besseres tun als die Welt an diesen wenigen Stellen offenzuhalten, die offenzuhalten sind" (ebd.).

Unterschiede Oppenheimer – Möbius

Damit nimmt Kipphardt eine andere Position ein als Dürrenmatt, für den die Welt nicht mehr offenzuhalten ist, wofür das hermetisch abgeschlossene Irrenhaus Symbol ist. Beide, Möbius und Oppenheimer, erkennen die Unmöglichkeit, den gesellschaftlichen Konflikt als Einzelne zu lösen, da an eine solidarische Aktion von Wissenschaftlern und einsichtigen Politikern wohl nicht zu denken ist. Aber während Möbius resigniert in seine Irren-Rolle zurückkehrt, entwickelt Oppenheimer in seinem Schlusswort den „weidlich utopische[n] Gedanke[n], [...] daß die künstlichen Gehirne, die wir für die großen Vernichtungswaffen entwickelten, künftig unsere Fabriken in Gang halten könnten, der menschlichen Arbeit ihren schöpferischen Gang zurückgebend" (S. 146).

Unterschiedliche Gestaltungsmittel

Dürrenmatt verwendet für seine „Komödie" andere Gestaltungsmittel als Kipphardt für sein Dokumentar- und Zeitstück. Dürrenmatt verfremdet grotesk die Wirklichkeit, um den Zuschauer zur Erkenntnis der Situation zu bringen. Kipphardt bringt dokumentarisch die Wirklichkeit auf die Bühne, um beim Zuschauer den Eindruck der Illusion erst gar nicht aufkommen zu lassen, sondern um ihm zu zeigen, wie es ist.

Unterschiedliche Intentionen

In der unterschiedlichen Bauform der beiden Theaterstücke drücken sich die unterschiedlichen Intentionen ihrer Verfasser aus. Dürrenmatt geht es darum, die Existenzgefährdung der Menschheit sichtbar zu machen, Kipphardt geht es um Aufklärung und Erkenntnisgewinn. Für Dürrenmatt ist die Frage nach der Verantwortlichkeit der Wissenschaftler ihren Forschungsergebnissen gegenüber schon zu Beginn des Geschehens gelöst: Möbius hat sich aus der Erkenntnis dieser Verantwortung ins Irrenhaus zurückgezogen. Oppenheimer gelangt erst am Ende des quälenden und klärenden Verhörs zur Erkenntnis seiner persönlichen Verantwortung der Menschheit gegenüber. Kipphardt endet da, wo Dürrenmatt anfängt.

Vergleich der drei „Physikerdramen“

KURZINFO

Das zentrale Problem von Forschungsdrang und Verantwortung

- Die „Helden“ der drei Stücke scheitern entweder an ihrer persönlichen Schwäche wie Galilei oder an den gesellschaftlichen Verhältnissen wie Möbius und Oppenheimer.
- Brecht kleidet das Geschehen historisch ein und glaubt an den Sinn einer Gewissensentscheidung. Dürrenmatt führt ein fiktives Geschehen modellhaft vor und ist pessimistisch in Bezug auf die Wirkungskraft des Einzelnen. Kipphardt geht von einer dokumentierten Begebenheit aus und hat wenig Hoffnung auf eine Änderung der Entwicklung.

Gemeinsamkeiten

Gemeinsam ist den „Helden“ der drei Stücke, dass sie scheitern, und zwar entweder an ihrer persönlichen Schwäche wie Galilei oder an den gesellschaftlichen Verhältnissen wie Möbius und Oppenheimer. Bevor diese beiden ihr Versagen erkennen, ist die unheilvolle Wendung schon eingetreten: Möbius sieht seine Erfindungen missbraucht, Oppenheimer hat die Katastrophe, den Abwurf der Atombombe, selbst mitgestaltet. Diese unumkehrbare Wendung zum Schlechten hat sich schon vor dem Einsetzen des Bühnengeschehens zugetragen.

Unterschiede

Die drei Stücke lassen unterschiedliche Gestaltungsweisen der Problematik von Wissenschaft und Verantwortung erkennen. Kipphardt geht von einer realen Begebenheit aus, reduziert sie auf den Kern und führt sie vor, um sie vom Zuschauer kritisch überprüfen zu lassen. Dürrenmatt führt ein erdichtetes Geschehen vor. Er bildet die Realität so in diesem erdichteten Geschehen ab, dass auf der Bühne eine groteske Welt entsteht und dass der Zuschauer in deren auswegloser Situation seine eigene ausweglose Situation erkennt.
Brecht kleidet das Geschehen historisch ein. Die historische Figur, die er wählt, ist jedoch als Verkörperung des Physikers der heutigen Zeit anzusehen. Dies wird besonders im 14. Bild deutlich, als er Galilei über sich selbst urteilen lässt, und zwar ausgerüstet mit dem Wissen eines Physikers der Gegenwart. Diese Selbstverurteilung ist zwar historisch unhaltbar, sie will aber die dramatische Handlung in die Gegenwart hinein öffnen und die Kritik des Zuschauers herausfordern.
Kipphardt will ebenso Handlung und Problematik in Gegenwart und Zukunft hineinwirken lassen, und selbst Dürrenmatt hat die unausgesprochene Hoffnung, beim kritischen Zuschauer einen Lernprozess zu bewirken.

Gemeinsame Intention

Alle drei Autoren haben die Absicht, ihr Publikum mit wissenschaftlichen und gesellschaftlichen Tatsachen und deren historischen Bedingtheiten bekannt zu machen und auf diese Weise sein ethisches und politisches Urteilsvermögen zu schärfen.

Die drei „Physiker-Dramen"

	Leben des Galilei	*Die Physiker*	*In der Sache J. Robert Oppenheimer*
Inhalt und Probleme	Glaube an Möglichkeit und Sinn humanitären Handelns Moralisches Versagen, da Verweigerung des Widerrufs positive Folgen für die Entwicklung der Verantwortung der Wissenschaft gehabt hätte Negativer Held Verrat als Schuld Optimistische Auffassung: Glaube an Sinn einer Gewissensentscheidung der Physiker	Unmöglichkeit der Physiker, zum Wohl der Menschheit zu handeln Sinnlosigkeit des Verzichts auf wissenschaftliche Forschung aus Verantwortung der Menschheit gegenüber Absurder „Held", Opfer einer anonymen Macht, (Mitschuldiger?) Pessimistische Auffassung: Unmöglichkeit des Einzelnen, die Katastrophe zu verhindern	Humanitärer Dienst der Naturwissenschaft nur zum Teil möglich Problematische Rückkehr zur „reinen Forschung" „Held" als Mitschuldiger und Opfer eines anonymen Apparates Skeptische Auffassung: gedämpfte Hoffnung auf Änderung der Entwicklung
Form	Aktivierung der Zuschauer durch Mittel des epischen Theaters, aber: organische Bauweise	Tragikomödie, Groteske als Stilmittel, epische Elemente Klassische Form im Gegensatz zum unklassischen Inhalt	Aktivierung des Zuschauers durch Montage von Dokumenten Mittel des epischen Theaters
	Episches Theater (mit Einschränkung)	**Paradoxes Theater („Welttheater")**	**Dokumentarisches Theater**

Entstehung und Rezeption

KURZINFO

Zeitgenössische Kontexte und Reaktionen

- Nach Hiroshima wandten sich Naturwissenschaftler und Philosophen gegen die Folgen des Wettrüstens und die militärische Verwendung der Atomkraft. Dürrenmatts Stück kann als literarische Reaktion auf die weltpolitische Lage in den 1960er-Jahren gesehen werden.
- Es wurde im Februar 1962 in Zürich und im September in München zum ersten Male aufgeführt und von der Kritik zwiespältig aufgenommen. Trotz der Vorbehalte wurde es jedoch auf den Bühnen der ganzen Welt gespielt und hat bis heute wegen seiner mehr denn je aktuellen Thematik einen festen Platz im Spielplan deutscher Theater.
- Die wissenschaftliche Literatur beschäftigte sich hauptsächlich mit dem Verhältnis von Dürrenmatts Möbius zu Brechts Titelfigur Galilei, mit der Frage, ob man in Bezug auf Möbius von Tragik sprechen kann, und der Überlegung, ob dieser der „mutige Mensch" im Sinne Dürrenmatts ist.

Entstehungssituation

Historischer Kontext der Entstehung des Stücks

Die Entstehung von Dürrenmatts Theaterstück fällt in eine weltpolitische Lage, die einen militärischen Konflikt zwischen den Supermächten befürchten ließ: Im Mai 1960 wird ein amerikanisches Aufklärungsflugzeug über der Sowjetunion abgeschossen. Die Sowjetunion sieht sich dadurch in ihrer Ansicht bestätigt, dass die USA einen Angriff planen. Am 13. August 1961 wird in Berlin die Mauer gebaut: Dies hätte leicht zum Weltkrieg führen können. Im November 1961 stürzt im mittleren Westen der USA ein amerikanischer Atombomber ab. Bei diesem Absturz versagen fünf der sechs Sicherungen. Eine Atomkatastrophe scheint also immer möglich zu sein. Im Oktober 1962 gipfelt das immer gespannter werdende Verhältnis zwischen den Weltmächten in der Kuba-Krise, die die Welt an den Rand eines Atomkriegs bringt.

Warnungen vor den Folgen des Wettrüstens

Dürrenmatts Stück kann als literarische Reaktion auf diese dramatischen politischen Ereignisse gesehen werden. Nicht-literarische Reaktionen sind Warnungen maßgeblicher nationaler und internationaler Wissenschaftler vor den Folgen des atomaren Wettrüstens und Bemühungen um eine internationale Friedenspolitik zur Eindämmung der atomaren Aufrüstung. Der Fall J. R. Oppenheimer, der 1954 vor einem Sicherheitsausschuss der Regierung der USA verhandelt wird und in dem es um die Erteilung der Sicherheitsgarantie für den ehemaligen Leiter des Atombomben-Projekts geht, ist Dürrenmatt bekannt. Er scheint zumindest eine der beiden in deutscher Sprache veröffentlichten Schriften Oppenheimers gelesen zu haben.

Im Jahre 1957 wenden sich 18 deutsche Atomwissenschaftler in der „Göttinger Erklärung“ gegen die militärische Verwendung der Atomkraft und besonders gegen die Pläne einer atomaren Bewaffnung der Bundeswehr. In dieser Erklärung wird der Bau taktischer und strategischer Atomwaffen wegen der unabsehbaren Folgen verurteilt, die Wissenschaftler setzen sich aber für die friedliche Nutzung der Atomenergie ein.

Günther Anders

1959 veröffentlicht der Kulturkritiker und Philosoph Günther Anders seine „Thesen zum Atomzeitalter“, in denen er scharf gegen die Atomwaffen Stellung bezieht und „Hiroshima als Weltzustand“ sieht:

> „Mit dem 6. August 1945, dem Hiroshimatage, hat ein neues Zeitalter begonnen: das Zeitalter, in dem wir in jedem Augenblick jeden Ort, nein unsere Erde als ganze, in ein Hiroshima verwandeln können. Seit diesem Tage sind wir modo negativo allmächtig geworden; aber da wir in jedem Augenblick ausgelöscht werden können, bedeutet das zugleich: Seit diesem Tage sind wir total ohnmächtig. Gleich wie lange, gleich, ob es ewig währen wird, dieses Zeitalter ist das letzte: Denn seine differentia specifica: die Möglichkeit unserer Selbstauslöschung, kann niemals enden – es sei denn durch das Ende selbst.“ (Anders, 1981, S. 39)

Anders kommt zu pointierten Aussagen, die an Dürrenmatts *21 Punkte* erinnern: „Was jeden treffen kann, betrifft jeden.“ (Ebd., S. 40)

Karl Jaspers

Aber es gibt auch andere Stimmen. 1961 publiziert der Philosoph Karl Jaspers eine schon 1956 im Rundfunk gehaltene Ansprache mit dem Titel: „Die Atombombe und die Zukunft des Menschen“. Jaspers kritisiert die „Göttinger Erklärung“ und meint, die Frage, ob Atombombe oder nicht, sei keine Frage an die Physiker als Physiker, sondern sie seien als Staatsbürger angesprochen. Er plädiert für die totale Konfrontation, weil seiner Ansicht nach aus der „Wahrscheinlichkeit der Selbstvernich-

Robert Jungk

Dürrenmatts Rezension

tung der Menschheit [...] die Vernunft zur höchsten Wachheit gelangen [könne] und aus ihrer Freiheit der Ursprung zur Wende" (Jaspers, 1961, S. 168). Von besonderer Bedeutung für Dürrenmatt ist jedoch das Buch von Robert Jungk *Heller als tausend Sonnen*, das er in der Züricher Zeitung *Die Weltwoche* vom 7. 12. 1956 rezensiert. Diese Rezension lässt im Vergleich mit dem Theaterstück erkennen, dass Dürrenmatt Jungk wesentliche Grundgedanken verdankt. In dieser Rezension heißt es unter anderem:

> „Robert Jungk verzichtet darauf, den Gegenstand der bedenklichen Forschung näher darzustellen, um den es hier geht, [...] er zeichnet die Akteure. [...] doch dringt die Möglichkeit der Höllenbombe noch nicht zu den Politikern, und im Sommer 1939 hätten noch zwölf Menschen durch gemeinsame Verabredung deren Bau verhindern können. Sie taten es nicht [...]. Vergeblich versuchten Einstein und Szilard [...] ihren Vorschlag rückgängig zu machen. Der Schreibtischgeneral Groves hat die Sache schon in die Hand genommen und durchgepeitscht, riesige Fabrikanlagen sind entstanden, die Atomforscher unter Anführung Oppenheimers in die Macht der Militärs geraten, kaserniert und überwacht [...]. Auch gibt es keine Möglichkeit, Denkbares geheim zu halten. Jeder Denkprozeß ist wiederholbar. Das Problem der Atomkraft – die Atombombe ist nur ein Sonderfall – kann nur international gelöst werden. Durch Einigkeit der Wissenschaftler. [...] Die Frage lautet, wie sich Physiker in der heutigen Welt verhalten müssen und nicht nur die Physiker. – Denken kann vielleicht überhaupt in Zukunft immer gefährlicher werden [...]. Das Wissen fürchtete sich vor der Macht und lieferte sich deshalb den Mächten aus. [...] Über die Atombombe verfügen nun die, die sie nicht begreifen." (Zit. nach: Plett, S. 5 f.)

Entstehungsprozess von Dürrenmatts Stück

Die Parallelen zum Stück und zu den *21 Punkten* gehen in einigen Fällen bis zu wortgleichen Formulierungen. Damit wird deutlich, dass sich Dürrenmatt zumindest seit 1956 mit dem Thema beschäftigt. Er äußert sich in einem Gespräch über den Entstehungsprozess seines Stücks *Die Physiker*, der „natürlich genau nicht mehr zu rekonstruieren" sei:

> „Ich könnte sagen, es gibt zwei Ebenen, auf denen sich die Entstehung eines Stückes abspielt. Die erste Ebene, das ist eigentlich der Umgang mit der Physik, der Umgang mit Physikern, das heißt: mein Interesse, das ich immer für

> Naturwissenschaften gehabt habe. Ich kenne sehr viele Physiker. Ich kenne ziemlich ihre Probleme, auch die physikalischen Probleme. Ich diskutiere sehr viel mit Physikern. Das ist, ich möchte fast sagen, der Untergrund." (Zit. nach: Materialien, S. 230)

Das Stück wurde von Dürrenmatt für die Ausgabe seiner Werke 1980 neu durchgesehen, enthält aber keine grundsätzlichen Änderungen am Text (vgl. den Nachweis im Anhang der zugrunde gelegten Textausgabe, 95).

Theaterkritiken

Züricher Uraufführung

„*Die Physiker* – Komödie von Friedrich Dürrenmatt" wurde am 21., 22. und 23. Februar 1962 im Schauspielhaus Zürich aufgeführt. Das Ereignis der Uraufführung eines neuen Stücks des mittlerweile weltbekannten Schweizer Dramatikers bedingte wegen der aus der ganzen Welt anreisenden Kritiker eine dreifache „Premiere". Die Irrenärztin wurde von Therese Giehse gespielt, von deren Schauspielkunst der Autor so überzeugt war, dass er ihr das Stück widmete. Darsteller des Möbius war Hans Christian Blech, Newton/Beutler wurde von Gustav Knuth, Einstein/Ernesti von Theo Lingen gespielt.
Diese Uraufführung hatte beim Publikum großen Erfolg und wurde zum Theatererfolg der Saison. Sie wurde vom Autor als vorbildlich angesehen; nach deren Eindruck schrieb er – nachträglich – seine ausführlichen Bühnenanweisungen. Die offizielle Kritik lobte die schauspielerischen Leistungen, beurteilte das Stück selbst jedoch recht differenziert. Joachim Kaiser schreibt in der *Süddeutschen Zeitung*:

> „Banal und exzentrisch, witzig und geschmacklos, sprunghaft und unbeirrbar: so braust Friedrich Dürrenmatts Komödie ‚Die Physiker' zweieinhalb Stunden lang am Rand jenes Atombombenkraters einher, in dem die Menschheit versinken kann. […] Aber man darf bei alldem doch nicht verkennen, was mir die Hauptsache scheint: Das Atomproblem steht jenseits von ruhig vernünftiger, vernünftelnder Erwägung. […] Natürlich wird es Leute geben, die es eigentlich nicht komisch finden können, daß Krankenschwestern systematisch der Hals umgedreht wird und die vor Dürrenmatts rüder Effektdramatik feinsinnig zurückschaudern (während

> sie sich an die Atombomben ganz gut gewöhnt haben). […] Dürrenmatts Atomstück ist […] weiter gekommen als irgendein Atomstück vorher. Daß es trotzdem nur ein lustig-skurriles Zeitstück blieb, nur ein Versuch, nur eine Komödie für ein paar Jahre, sollte man ihm nicht vorwerfen." (Zit. nach: Materialien, S. 28 ff.)

Es folgten Aufführungen an fast allen deutschen Bühnen. Während der Spielzeit 1962/63 hatte das Stück mit fast 1600 Aufführungen an deutschsprachigen Bühnen den größten Erfolg. Mit großem Abstand (934 Aufführungen) folgte Frischs *Andorra*.

Deutsche Erstaufführung in München

Die deutsche Erstaufführung fand am 23. 9. 1962 in München statt. Die beiden Hauptrollen waren wieder mit Therese Giehse und Hans Christian Blech besetzt. Aber das Stück kam nicht so gut an wie in Zürich. Das Publikum blieb reserviert. Die Aufführung im Berliner Schlosspark-Theater fand wieder ein gemischtes Echo. Das Publikum war diesmal begeistert, der Kritiker des *Tagesspiegels* sprach zwar von einer „brillanten Aufführung", übte jedoch Kritik an der Struktur des Stücks. Dürrenmatt

Aufführung in Berlin

> „überzieht die Eingleisigkeit seiner drei Physiker, er hält nicht nur sie, sondern auch uns für Narren. […] Was da oben geschieht, wirkt unglaubhaft. Besonders am Ende, als die Irrenärztin sich zur Weltbeherrscherin dank der Formel von Möbius aufschwingt. Das ist nicht mehr als ein Gag, es ist eine Flucht in den Ulk, die Albernheit, die Zlucht vor der geistigen Auseinandersetzung. Denn die hätte jetzt zu beginnen. […] Der Vorgang vollzieht sich unter der Glasglocke der Irrenanstalt – die Gegenwart des Alltags ist ausgeschaltet, womit sich Dürrenmatt selbst des Gegenspielers beraubt hat." (Zit. nach: Knapp, 1983, S. 49)

Entgegen der Ansicht von Joachim Kaiser hat Dürrenmatts Stück bis heute einen festen Platz im Spielplan deutschsprachiger Theater. Es erlangte Weltruhm und wurde an über 40 Weltbühnen aufgeführt, z. B. in New York, London, Wien, Turin, Paris.

Aufführung in London

Die Londoner Aufführung fand bereits 1963 statt und hatte großen Erfolg beim Publikum, vielleicht weil die „Thriller-Aspekte" in der Inszenierung größeres Gewicht als die gesellschaftpolitischen und zeitkritischen Aspekte hatten. Ein Rezensent merkt recht kritisch an:

> „‚Die Physiker' besitzen nicht genügend ernste Durchschlagskraft, um so überzeugend zu wirken, wie sie es eigentlich sollten. Daran trägt Dürrenmatt selbst die Schuld, der mehr einen spannenden ‚Thriller' als ein aufwühlendes Drama für unsere Zeit geschrieben hat. Das Stück ist schlecht konstruiert und der letzte Akt besonders schludrig hingehauen."
> (Zit. nach: Plett, S. 37)

Aufführung in New York

In New York fand das Stück ebenfalls eine zwiespältige Aufnahme bei Publikum und Kritik. Während das Publikum durchaus positiv reagierte, so dass das Stück zum Erfolg der Saison wurde, sprach die Kritik lediglich von einem Achtungserfolg. Sie lobte zwar Darsteller und Inszenierung, tadelte aber den Autor, der geistige Anspruch des Stücks sei zu hoch. Gründe für diese Zurückhaltung wurden einmal in Übersetzungsproblemen gesehen, die zwischen Dürrenmatt und sein amerikanisches Publikum eine „völlig unnötige psychologische Hürde" aufstellten. Sie lägen aber auch darin, dass die amerikanische Kritik die Art der Darstellung der Problematik nicht akzeptiere: „[…] man spielt nicht mit der Atombombe, wenn man keine Antwort weiß" (zit. nach: Plett, S. 38).

Fernsehbearbeitung

Für das Fernsehen entstand 1964 eine Bearbeitung unter Mitarbeit von Dürrenmatt. Die Hauptrolle spielte wieder Therese Giehse. Die Kritik dieser Inszenierung war – wieder einmal – zurückhaltend. Kritiker fanden sie zu realistisch und Dürrenmatts Intention nicht angemessen. Diesmal wurde das Stück gelobt und die Inszenierung getadelt:

> „Aus der Farce, die bei Dürrenmatt zur Tragödie wird, ist ein Kriminalstück geworden. […] Man kann Dürrenmatt noch so verändern – auch mit Hilfe Dürrenmatts –, die Potenz seiner ‚Physiker' bleibt groß genug, um Effekthascherei, die hier unnötigerweise dem Stück zugefügt wurde, zu verkraften."
> (Zit. nach: Knapp, 1983, S. 53)

Zusammenfassung

Zusammenfassend bleibt festzustellen: Dürrenmatts Theaterstück ist trotz der Vorbehalte der Kritiker bis heute ein Publikumserfolg geblieben und gehört mittlerweile zu den „Klassikern" des neueren deutschsprachigen Theaters – wegen seiner unüblichen, attraktiven Komödienform und seiner Problematik, die heute mehr denn je aktuell ist.

Interpretationen

Die wissenschaftliche Literatur beschäftigt sich ausführlich mit Dürrenmatts Theaterstück. Drei Probleme stehen oft im Vordergrund der Untersuchungen und werden kontrovers diskutiert:

- das Verhältnis von Möbius zu Brechts Titelfigur Galilei;
- die Frage, ob man in Bezug auf Möbius von Tragik sprechen kann;
- die Überlegung, ob Möbius der „mutige Mensch" im Sinne Dürrenmatts ist.

Zurücknahme von Brechts *Galilei*

Hans Mayer schreibt 1962 den Aufsatz „Brecht und Dürrenmatt oder Die Zurücknahme". Darin vergleicht er Brechts *Leben des Galilei* mit Dürrenmatts *Die Physiker*, weist auf Parallelen zwischen beiden Stücken hin und kommt zu dem Ergebnis:

> „Was Möbius und Dürrenmatt […] treiben, läuft hinaus auf eine Zurücknahme des ‚Galilei' von Bertolt Brecht. Wie immer Brecht die Gestalt seines widerrufenden Physikers ursprünglich konzipiert haben mochte, fest steht, daß er die Revokation seines negativen Helden mit den vielen positiven Zügen als Verrat an der Wissenschaft verstanden wissen wollte und als Mahnung an die Physiker des 20. Jahrhunderts. […]
> Wenn es […] schimpflich werden kann, etwas zu entdecken, läßt sich die Forderung der Galileifigur nach humanitärem Dienst der Naturwissenschaftler nicht mehr mit der überlieferten Weise erfüllen. Dann ist die Schlußfolgerung des Johann Wilhelm Möbius nicht mehr fern: auf Forschung zu verzichten, weil es verderblich wurde, etwas zu entdecken. Dann wurde die These der Dürrenmattfigur sogar von Brecht her bereits denkbar, ‚daß es heute die Pflicht eines Genies ist, verkannt zu bleiben'." (Mayer, 1977, S. 6 ff.)

Zehn Jahre später nimmt Manfred Durzak zu dieser These Stellung. Die Zusammenhänge, auf die Mayer hingewiesen hat, leuchten ihm ein:

> „Die Zukunftsperspektive, die in Brechts ‚Galilei' dadurch hineinkommt, daß die objektive Weiterentwicklung der Wissenschaft garantiert ist, weicht bei Dürrenmatt völliger Hoffnungslosigkeit. Auch unter diesem Aspekt läßt sich von einer ‚Zurücknahme' Brechts am Beispiel von Dürrenmatts ‚Physikern' sprechen." (Durzak, 1972, S. 117)

Auch Wilhelm Große ist der Meinung, dass

> „Dürrenmatts Stück [...] [ist] eine Zurücknahme des Brechtschen Galilei, auch formal. Galilei verzichtet auf eine Öffentlichkeit seiner wissenschaftlichen Erkenntnisse, um sein Leben leben zu können. Möbius und die beiden Spione verzichten auf die Veröffentlichung wissenschaftlicher Ergebnisse und sie verzichten auf ihr Leben in Freiheit, um [...] das Leben der Menschheit zu retten." (Große, 1998, S. 92)

Relativierung der „Zurücknahme"

Durzak relativiert jedoch die Frage nach einer „Zurücknahme":

> „In der historischen Perspektive zeigt sich vielleicht der größte Unterschied zwischen Dürrenmatt und Brecht. Brecht konstruierte seinen Modellfall nach der Geschichte, und die am Ende dialektisch postulierte These von der Weiterentwicklung der Physik wird in gewisser Weise durch die Geschichte abgestützt, da sich die Physik ja in der Tat seit Galilei ständig weiterentwickelt hat, wenn auch in einer verfänglich einseitigen Richtung. Dürrenmatts Modellfall ist nicht vergangenheitsorientiert, sondern auf die Zukunft gerichtet. Die Absicherung durch die Geschichte fehlt hier. [...] Jede optimistische Perspektive auf die Zukunft fehlt. Dürrenmatt sieht sich vielmehr einer Entwicklung konfrontiert, die ständig ins Sinnlose umzuschlagen droht." (Durzak, 1972, S. 117)

Gerhard P. Knapp weist schon früh auf grundsätzliche Ähnlichkeiten und Unterschiede hin:

> „Die Endpositionen beider Stücke sind bei genauer Betrachtung nämlich keineswegs unähnlich, und Möbius' Feststellung: ‚Was einmal gedacht wurde, kann nicht mehr zurückgenommen werden' könnte auch am Ende von Brechts ‚Galilei' stehen. Der Unterschied zwischen beiden Stücken liegt somit weniger in ihrer Stellungnahme zum wissenschaftlichen Denken an sich als im Wirklichkeitshintergrund, vor dem sie entstanden sind." (Knapp, 1982, S. 109)

Tragik?

Die Frage nach der Tragik von Möbius wird ebenfalls in der Forschung unterschiedlich beantwortet – je nachdem, was der Interpret unter „Tragik" versteht. Hans Mayer lässt z. B. keine Tragik gelten:

> „Das ‚Opfer' [...], das der Physiker Möbius auf sich nehmen wollte – ‚daß es heute die Pflicht eines Genies ist, verkannt zu bleiben' – ist weder tragisch noch auch nur erfolgreich. [...] Die Zurücknahme [...] seiner Forschungen [...] blieb belanglos, denn [die verrückte Ärztin] konnte trotzdem, mit

> Hilfe der zurückgenommenen Forschungen ihren Trust der Weltbeherrschung oder Weltvernichtung aufbauen." (Mayer, 1977, S. 18)

Jan Knopf dagegen sieht durchaus Tragik:

> „Der Konflikt, das eigene Leben zu leben und damit der Menschheit den Untergang zu bringen oder aufs eigene Leben zu verzichten und die Menschheit vor dem Untergang zu retten, ist im traditionellen Sinn ‚tragisch'; denn es gibt keine Entscheidungsmöglichkeit, die einen versöhnlichen Ausgang verspräche." (Knopf, 1996, S. 117)

Mut?

In einer früheren Interpretation ersetzte Knopf „Tragik" durch „Mut":

> „[…] an die Stelle des alten, zur Tragik fähigen Einzelmenschen tritt der mutige Mensch, der die ‚verlorene Weltordnung' in der Brust wiederherstellt, ansonsten aber die total werdende, ihn zum Teil, zum Glied der Masse degradierende Welt aushält, ihr als Mensch widersteht, indem er sich zu sich bekennt. Die ehemalige Individualität, die Unteilbarkeit des tragischen Helden wird durch den bewußten Akt der Selbstbehauptung wiederhergestellt […]." (Knopf, 1987, S. 87)

Ulrich Profittlich verneint den „Mut" der Physiker:

> „[…] die Physiker, obwohl […] im Namen der ‚Pflicht' und des ‚Anstandes' zum Heldentum bereit, sind keine ‚mutigen Menschen' mehr. Sie können es schon darum nicht sein, weil ihnen selbst das Minimum an Wirkungsraum versagt ist, dessen die Bewährung des Mutes bedarf."
> (Profittlich, 1973, S. 108)

Gerhard P. Knapp verbindet das Problem der Tragik mit dem des „mutigen Menschen" und ist anderer Ansicht:

> „So wie Ödipus, nachdem er unwissentlich seinen Vater erschlagen, unwissend seinem Untergang entgegenhandelt, handelt Möbius, als könne er das Unheil abwenden, das lange seinen Lauf genommen hat. Hierin liegt die Tragik des ‚mutigen Menschen' in einer Welt, für deren Schicksal es letztlich keinen Unterschied macht, ob der Einzelne mutig oder feige handelt." (Knapp, 1983, S. 33)

Wilhelm Große versucht in einer neueren Interpretation die verschiedenen Ansätze miteinander zu verbinden:

> „In Möbius wie Einstein und Newton scheint zwar immer noch etwas von Dürrenmatts ‚mutigen Menschen' auf, aber durch das Zwanghafte des Schlusses der Tragikomödie, die keinen Ausweg offenlässt, bleibt keinem der ‚Helden' noch eine alternative Handlungsmöglichkeit, und sei es, die Welt im kleinen zu bestehen." (Große, 1998, S. 91)

In den letzten Jahren ließ die wissenschaftliche Beschäftigung mit Dürrenmatts Stück deutlich nach. Für Jan Knopf rücken beim erneuten Lesen und Sehen die „Schwächen des Textes hartnäckiger in den Vordergrund als eine Stärken". Er kritisiert den formelhaften Handlungsaufbau, den Thesencharakter des Stücks, die „kitschigen" Liebesszenen zwischen Möbius und der Krankenschwester, die klischeehafte Figurenzeichnung, die Kabaretteinlagen wie den Auftritt der Möbius-Familie und die gestelzten Dialoge der Physiker. Den Publikumserfolg des Stücks trotz dieser Schwächen begründet er mit der nach wie vor brisanten Thematik, nämlich der „Verantwortung des Naturwissenschaftlers gegenüber der gesellschaftlich-politischen Verwertung seiner Erkenntnisse". Ihn überzeugt, dass „das Stück eine angemessene theatralische Lösung für die Machtlosigkeit des (modernen) Individuums findet, und selbst da, wo es bereit ist, (beinahe) tragisch zu scheitern." (Knopf, 1996, S. 109 f., 117)

3 Schnellcheck

Übersicht 1: Die Entstehungszeit der Komödie

Übersicht 2: Dürrenmatts Welt- und Geschichtsbild

Übersicht 3: Die drei Physiker

Übersicht 4: Möbius als „mutiger Mensch“

Übersicht 5: Abkehr von der klassischen Tragödie

Übersicht 6: Dürrenmatts Plädoyer für die Gattung der Komödie

Übersicht 7: Darstellungsmittel der Komödie

Übersicht 8: Gesellschaftskritik

Übersicht 1: Die Entstehungszeit der Komödie

Friedrich Dürrenmatts Theaterstück *Die Physiker* wurde im Februar 1962 im Schauspielhaus Zürich uraufgeführt. Das Stück handelt von der **Gefährdung der Menschheit durch die Forschungsergebnisse der Naturwissenschaften**. Es gehört zu den größten Erfolgen des deutschsprachigen Theaters nach dem Zweiten Weltkrieg.

Dürrenmatts Theaterstück kann als **literarische Reaktion auf** die politischen **Ereignisse** während **des Kalten Krieges** gesehen werden.

Der atomare **Rüstungswettlauf** und die immer **wieder angespannte weltpolitische Lage** ließen eine **Atomkatastrophe möglich** erscheinen.

Es entstand ein Schreckensszenario, nicht zuletzt, weil der Abwurf der ersten Atombombe über **Hiroshima** (August 1945) deutlich gemacht hatte, welch grauenhafte Zerstörungen die neuen atomaren Waffen mit sich bringen.

↓

Prominente Wissenschaftler und **Intellektuelle** warnten in diesen Jahren vor den Folgen des atomaren Wettrüstens und setzten sich für eine internationale Friedenspolitik zur Eindämmung der atomaren Aufrüstung ein. **Dürrenmatt verfolgte** diese **Debatten** aufmerksam und verdankte ihr wesentliche Einsichten.

Wichtige Beiträge, die Dürrenmatt beeinflusst haben:
- Das Buch ***Heller als tausend Sonnen*** des Publizisten und Zukunftsforschers Robert Jungk, das Dürrenmatt 1956 rezensiert hat,
- die ***Göttinger Erklärung*** gegen die militärische Verwendung der Atomkraft und gegen Pläne einer atomaren Bewaffnung der Bundeswehr (1957),
- die ***Thesen zum Atomzeitalter*** des Kulturkritikers und Philosophen Günther Anders (1959).

Übersicht 2: Dürrenmatts Welt- und Geschichtsbild

Weltbild

Dürrenmatt nimmt die **moderne Welt** als ein **undurchschaubares Chaos** wahr. Zu den Kennzeichen der chaotischen modernen Welt gehören für ihn

- explosives Bevölkerungswachstum,
- Technisierung,
- wachsende Bedeutung der Medien,
- anonyme Verwaltungsapparate,
- vor allem: Bedrohung durch die Massenvernichtungsmittel.

Geschichtsauffassung

Dürrenmatt glaubt nicht, dass sich der **Verlauf der Geschichte** erklären lässt. Er bleibt **rätselhaft**, folgt weder einer göttlichen Ordnung noch einem anders begründeten Sinn.

Jedes Erklärungsmodell, auch das marxistische, stellt für Dürrenmatt eine unzulässige Verkürzung und Vereinfachung dar.

Die Welt als Labyrinth

Dürrenmatt veranschaulicht den Zustand der Welt oft mit dem Bild des Labyrinths, in dem der **moderne Mensch hilf- und orientierungslos** umherirrt.

Sinnlosigkeit der Welt und künstlerische Arbeit

Seine **Weltsicht** und **Geschichtsauffassung prägen** Dürrenmatts **schriftstellerische Arbeit**, insbesondere seine **Theaterdichtung**: Er sieht sich als Autor gezwungen, „eine Welt der Sinnlosigkeit darzustellen, in der ein Sinn gesucht wird, den es nicht gibt, ohne den sie jedoch nicht ausgehalten werden kann" (Stoffe, S. 75).

Übersicht 3: Die drei Physiker

Möbius
ist die herausragende Gestalt in Dürrenmatts Theaterstück. Der geniale Physiker gibt Karriere und Familie auf und zieht sich unter dem Vorwand, verrückt zu sein, in ein Irrenhaus zurück. Er flieht in die Anstalt, um seine **Forschungen geheim halten** und die **Menschheit** so **vor** den **Risiken seiner Erkenntnisse** bewahren zu können.

↓

Newton und Einstein
halten sich ebenfalls in der Anstalt auf. Auch sie täuschen ihren Irrsinn vor.

- In Wirklichkeit sind sie selbst anerkannte Physiker, die sich **auf Anordnung ihrer jeweiligen Regierung** – Newton ist Agent des westlichen, Einstein Vertreter des östlichen Geheimdienstes – in die Anstalt eingeschmuggelt haben.
- Sie haben den Auftrag, Möbius, an dessen naturwissenschaftlichen Kenntnissen ihre Regierungen aus **machtpolitischen Gründen** interessiert sind, in ihre Gewalt zu bringen.

Beide sind zunächst und **im Unterschied zu Möbius opportunistische Handlanger der Mächtigen.** Sie fühlen sich für die Folgen ihres Tuns nicht verantwortlich,

- sind bereit, Möbius an ihre Auftraggeber auszuliefern,
- und übernehmen für die Folgen ihrer eigenen wissenschaftlichen Arbeit keine Verantwortung.

↙

Möbius
kann seine **Kollegen** jedoch **umstimmen**: Auch sie wollen sich nun dem machtpolitischen Kalkül verweigern und freiwillig in der Anstalt bleiben, um die **Menschheit vor einer Katastrophe zu bewahren.** Im Übrigen begreifen sie ihre Gefangenschaft als **Sühne für die Morde an den Krankenschwestern**, die sie getötet haben, um ihr Inkognito zu wahren.

→

Der **Plan** der drei Physiker **scheitert** schließlich an der wahnsinnigen **Anstaltsärztin**: Sie hat Möbius' brisante **Forschungsergebnisse** längst **gestohlen** und will mit ihrer Hilfe die **Weltherrschaft** erlangen.

Übersicht 4: Möbius als „mutiger Mensch"

Möbius als „mutiger Mensch"

- Möbius hätte als Physik-Genie Karriere machen und zu Ruhm und Geld gelangen können,
- verzichtet aber auf die Veröffentlichung seiner Forschungsergebnisse und **hält** sein **Wissen zurück**,
- **gibt** stattdessen **vor, krank zu sein**, und lässt sich in ein **Irrenhaus** einweisen.
- Er will so **verhindern**, dass seine Forschungsresultate zum **Schaden der Menschheit** genutzt werden.

Im Sinne Dürrenmatts ist Möbius ein „mutiger Mensch" (TS, S. 123),

- der sich nicht von egoistischen Motiven leiten lässt,
- dem es vielmehr um das **Wohl der Menschheit** geht,
- der als **verantwortungsvoller Mensch** moralisch integer und selbstbestimmt handelt.

↓

Dürrenmatt lässt Möbius als „mutigen Menschen" scheitern.

↑

Wichtige Gründe für das Scheitern von Möbius

- Möbius **setzt** seine **Forschungsarbeiten im Irrenhaus fort**. Als er aus Angst, sein Wissen könne die Menschheit vernichten, seine Manuskripte verbrennt, ist es zu spät: Die **Ärztin** der Anstalt ist bereits in den **Besitz seiner Aufzeichnungen** gelangt.
- Möbius, der ins Irrenhaus flieht, um die Menschheit zu retten, gerät ausgerechnet dort und durch **Zufall** an eine **machtgierige, psychopathische Ärztin**, die seinen Plan hintertreibt: **Mithilfe seiner Aufzeichnungen** will sie die **Weltherrschaft** erlangen.
- Er meint, die Menschheit als **Einzelner** retten zu können. Dabei ist jede **Aktion**, jedenfalls im Sinne Dürrenmatts, nur als Aktion **einer Gemeinschaft** sinnvoll: „Jeder Versuch eines Einzelnen, für sich zu lösen, was alle angeht, muß scheitern." (*Anhang*, Punkt 18, S. 93)

Übersicht 5: Abkehr von der klassischen Tragödie

Dürrenmatt ist überzeugt, dass sich die moderne Welt nicht mehr mit den Mitteln der klassischen Dramatik darstellen lässt.

Die **klassische Tragödie**, besonders Schillers Dramatik, orientiert sich an **souverän handelnden Menschen.**
- Entsprechend besitzt der **Held** eines klassischen Dramas **Willens- und Entscheidungsfreiheit.**
- Er **beherrscht** die **Verhältnisse**,
- übernimmt **Verantwortung**,
- richtet sein Verhalten an **Ideen** und **absoluten Werten** aus, denen er durch sein **tragisches Opfer** schließlich zu **Geltung** verhilft.

↔

Heute sei der Mensch dagegen
- **undurchschaubaren** und **Verhältnissen** und **Machtkonstellationen** ausgeliefert,
- **nicht mehr souveränes Subjekt, sondern** nur noch **Objekt** des Geschehens.
- **Helden**, wie sie die klassische Tragödie kennt, und eine Dramaturgie, die sich an Begriffen wie **Verantwortung, Tragik**, auch **Schuld** ausrichtet, seien darum **unglaubwürdig** und **obsolet geworden.**

Dürrenmatt übernimmt in der Komödie *Die Physiker* Motive der klassischen Tragödie und wandelt sie zugleich ab.

Möbius besitzt zunächst durchaus **Charakterzüge eines klassischen Helden.**
- Er trifft seinen Entschluss, im Irrenhaus zu leben, **souverän** und in **freier Entscheidung.**
- Er **übernimmt Verantwortung** und fühlt sich der **Idee verpflichtet**, die Menschheit zu retten.

↔

Aber Möbius **scheitert als klassischer Held.**
- Die **Ärztin führt** seinen **Plan**, die Menschheit zu retten, **ad absurdum.**
- Er **opfert sich vergebens.**
- Seine **Souveränität** erweist sich als **Selbsttäuschung**: Tatsächlich ist Möbius ein **Spielball des Zufalls.**

Übersicht 6: Dürrenmatts Plädoyer für die Gattung der Komödie

Dürrenmatts Theaterstücke, nicht zuletzt *Die Physiker*, sind **Ausdruck der modernen Welterfahrung**. Sie haben den Charakter von **Zeitstücken**. Dabei ist Dürrenmatt stets auch an der **Wirkung** seiner Stücke gelegen. Sie sollen

- das **sittliche Verantwortungsgefühl** des Menschen **wachrütteln**,
- die **Zuschauer provozieren**,
- zu einer kritischen **Auseinandersetzung mit dem Bühnengeschehen** und ihren **eigenen Standpunkten** zwingen.

Distanz statt Identifikation

Eine **kritische Auseinandersetzung** mit der Handlung und den Figuren setzt voraus, dass die Zuschauer **Distanz zum Bühnengeschehen** halten. Diese kann nach Dürrenmatts Ansicht nur die **Komödie** herstellen.

Die **traditionelle Tragödie** ziele auf die **Identifikation** des Zuschauers mit dem dargebotenen Stoff.

↕

Dagegen könne die **Komödie** ein Geschehen so **verfremden**, dass die Zuschauer **Abstand** zu den vertraut geglaubten Wirklichkeitsbezügen gewinnen.

Die **Komödie** ist für Dürrenmatt das „Theater der Nicht-Identifikation schlechthin", das **Lachen Mittel der Distanzierung**. Er schreibt:

„Das Komische muß uns nicht ‚nahe gehen' wie das Tragische, um auf uns zu wirken, das Komische wirkt auf uns, weil wir von ihm Abstand nehmen, unser Gelächter ist die Kraft, die den komischen Gegenstand von uns wegtreibt." (Komödien III, S. 179)

Übersicht 7: Darstellungsmittel der Komödie

Dürrenmatt will die Zuschauer durch seine Komödien **provozieren** und zu einer **distanzierten** und **kritischen Auseinandersetzung** mit dem fiktiven Bühnengeschehen zwingen. Er wählt dafür **Darstellungsmittel**, die eine vertraut geglaubte Wirklichkeit **verfremden, grotesk verzerren** oder für **überraschende, aufschreckende Wendungen** sorgen.

Wichtige Darstellungsmittel in Die *Physiker*

Paradoxien

- beruhen auf **überraschenden** und **befremdenden Gegensätzen**, die den Erwartungen der Zuschauer widersprechen.
- **Beispiel:** Es verblüfft die Zuschauer, dass sich die Physiker schließlich als die Gesunden und die Irrenärztin als die eigentlich Geistesgestörte herausstellen.

Einfall (Zufall)

- Der Einfall ist für Dürrenmatt **gleichbedeutend mit** dem **Zufall**, dem Einbruch des Unvorhergesehenen, Unberechenbaren in das Bühnengeschehen.
- Der Einfall bzw. Zufall **setzt** die **Wahrscheinlichkeit** des Geschehens und die **Pläne** der Figuren **außer Kraft**.
- **Beispiel:** Möbius' zufällige Begegnung mit der irrsinnigen Ärztin, die seinen Plan, die Welt vor der Zerstörung zu retten, hintertreibt.

Die „schlimmstmögliche Wendung"

- Der Zufall bewirkt, dass eintritt, was vermieden werden sollte.
- Dürrenmatt spricht auch von der „schlimmstmöglichen Wendung, die eine Geschichte nehmen kann". Sie gibt die Figuren der Lächerlichkeit preis und ist also „die Wendung in die Komödie" (Komödien III, S. 175 f.).
- **Beispiel:** In den Händen der Ärztin werden Möbius' Arbeiten zu einer Bedrohung für die Menschheit – eine Entwicklung, die er mit seiner Flucht in die Anstalt gerade verhindern wollte und die seine tragische Situation in eine komische verwandelt.

Übersicht 8: Gesellschaftskritik

- Dürrenmatt betont den **gesellschaftskritischen Bezug seiner Werke.**
- Im **Gegensatz** etwa **zu Brecht** glaubt er aber nicht, dass er die Welt als Schriftsteller verändern kann. Er tritt auch nicht für eine bestimmte politische Gesinnung ein.

→

Die **Aufgabe der Literatur** und insbesondere **des Theaters** sei es vielmehr, die **Wirklichkeit** und die **Konflikte** der Menschen **durchschaubar** zu **machen** und so auf die Leser oder Zuschauer einzuwirken.

In dem Theaterstück *Die Physiker* übt Dürrenmatt in verschiedener Hinsicht Kritik an der Gesellschaft und den Zeitumständen.

Am Beispiel der **Familie Rose** kritisiert er die kleinbürgerliche Welt.

- Die **Konventionen**, denen die Familie folgt, sind zu bloßer Äußerlichkeit **verflacht**,
- ihr **starres Christentum** und ihre bürgerlichen **Bildungsideale** scheinen **überlebt** und passen nicht mehr in eine Welt, deren Existenz bedroht ist.

Mit der Figur der Ärztin **Mathilde von Zahnd** wendet er sich gegen das **grenzenlose Machtstreben** von wirtschaftlichen, industriellen und militärischen Kräften, von Mächten, die irrational handeln und **wissenschaftliche Erkenntnisse** für ihre Zwecke **missbrauchen.**

Das Beispiel des Physikers **Möbius** zeigt kritisch gewendet:

- Die **Flucht** des Wissenschaftlers **aus** der **Gesellschaft** ist reiner **Selbstbetrug**: Die Menschheit, die er damit retten will, wird dennoch zum Spielball wirtschaftlicher und politischer Machtgier.
- Der **Einzelne** ist **hilflos**, sein **Handeln ohne Wirkung.** In einer unüberschaubaren Welt durchkreuzen **Zufälle** seine Pläne.

❹ Prüfungsaufgaben und Lösungen

1. Historische und gesellschaftliche Grundlagen
2. Dürrenmatts Welt- und Theaterauffassung
3. Zeit- und Gesellschaftskritik
4. Ist Möbius ein „mutiger Mensch"?
5. Welche Positionen vertreten Möbius' Physiker-Kollegen?
6. Künstlerische Gestaltungsmittel
7. Andere Gestaltungen der Thematik
8. „Es gibt keine andere Lösung" – Textanalyse und literarische Erörterung

1. Historische und gesellschaftliche Grundlagen

Aufgaben und Fragestellungen

1.1 Welche Bedeutung hat der Abwurf der ersten Atombombe 1945?
1.2 Welche Erfolge und Gefahren der Naturwissenschaften rücken ins Bewusstsein?
1.3 Wie sahen bisher die Wissenschaftler ihr Verhältnis zur Politik?
1.4 Wie stellt sich die politische Situation nach dem Zweiten Weltkrieg dar?
1.5 Worin besteht die Neuorientierung der Wissenschaftler?

Lösungsvorschläge

Zu 1.1
- Zum ersten Mal in der Geschichte der Menschheit wird der Glaube an den wissenschaftlichen und technischen Fortschritt nachhaltig erschüttert.
- Man erkennt, dass unermessliche Energie, die den Fortschritt der Menschheit bewirken kann, auch ihren Untergang beschleunigen kann.
- Paradox wird die Entwicklung der Atombombe dadurch, dass der Anstoß dazu von Albert Einstein kam, einem überzeugten Pazifisten, der Angst davor hatte, dass deutsche Physiker zuerst eine Atombombe entwickeln könnten.

Zu 1.2
- Positiv sind der erfolgreiche Kampf gegen Krankheiten und damit die Verlängerung des Lebens, die Erleichterung der täglichen Arbeit, die Erhöhung von Komfort und Wohlstand in einem bisher nicht gekannten Ausmaß.
- Gefahren sind die neue Qualität der Vernichtungsmöglichkeiten, die Manipulation der Natur z. B. durch gentechnische Eingriffe, die Zerstörung der Umwelt.
- Negative Folgen dieses Siegeszugs der Technik, die sich immer deutlicher abzeichnen, sind z. B. der Verlust der Arbeitsplätze und eine Sinnentleerung des Lebens.

Zu 1.3
- Bisher galt Wissenschaft als wertneutrale Tätigkeit, die sich um die Fragen ihrer praktischen Verwertung nicht zu kümmern brauchte. Deshalb sprach man von „reiner“ oder „voraussetzungsloser“ Wissenschaft.
- Die Wissenschaftler konnten frei und voraussetzungslos am Gegenstand ihres wissenschaftlichen Interesses arbeiten, da die Anwendungsmöglichkeit der Forschungsergebnisse beschränkt war.
- Diese Freiheit ist die Voraussetzung wissenschaftlichen Arbeitens und erfordert ein hohes Verantwortungsbewusstsein.

Zu 1.4

- Seit dem Ersten Weltkrieg kam Wissenschaft und Technik kriegsentscheidende Bedeutung zu. Seit dem Zweiten Weltkrieg und dem Atombombenabwurf verbanden sich in vorher nie gekanntem Maße wissenschaftliche, politische und wirtschaftliche Interessen.
- Die Wissenschaft brauchte viel Geld für die Forschung, das nur der Staat zur Verfügung stellen konnte. Deshalb wurden die Wissenschaftler immer abhängiger von Wirtschaft und Rüstungsindustrie.
- Je größer die Abhängigkeit der Wissenschaftler vom Staat und der Industrie war, umso mehr gerieten sie in Abhängigkeit und konnten nicht mehr über die Forschungsergebnisse verfügen.
- Während des Zweiten Weltkrieges hatten weder deutsche noch amerikanische Wissenschaftler Bedenken, ihre Forschungsergebnisse dem Staat zur militärischen Nutzung zu überlassen, da sie alle das Gefühl hatten, für eine gerechte Sache zu kämpfen.
- Auch nach dem Krieg wandten sich viele Wissenschaftler der weiteren Forschung über die Atomenergie zu, obwohl sie deren Folgen nicht überschauen konnten. Sie entwickelten eine noch stärkere Vernichtungswaffe als die A-Bombe, die Wasserstoffbombe.
- Während der Zeit des Kalten Krieges drohten aktuelle Ereignisse zum Weltkrieg zu eskalieren: Abschuss eines amerikanischen Aufklärungsflugzeugs über der Sowjetunion (1960), Bau der Berliner Mauer (1961), Kuba-Krise (1962). Die Großmächte verstärkten ihr Waffenarsenal.

Zu 1.5

- Eine Gruppe von Wissenschaftlern hatte ein Gefühl der Schuld und warnte vor den furchtbaren direkten und indirekten Folgen der Atombombe.
- Sie erkannten, dass Politik und Militär die neuen Waffen für ihre machtpolitischen Pläne ohne Rücksicht auf die Folgen einsetzen würden.
- Es entstand deshalb allmählich ein Bewusstsein der Wissenschaftler für ihre Verantwortung der Menschheit gegenüber.
- Deshalb wollen diese Wissenschaftler kriegerische Auseinandersetzung durch friedlichen Wettstreit ersetzen und verantwortungsvoll mit den Ergebnissen ihrer Forschungen umgehen, soweit dies bei ihren Abhängigkeiten möglich ist.

2. Dürrenmatts Welt- und Theaterauffassung

Aufgaben und Fragestellungen

2.1 Von welchem Welt- und Geschichtsbild geht Dürrenmatt aus?
2.2 Wie sieht er das Verhältnis der Gesellschaft zum Theater?
2.3 Wie versteht er die traditionellen Formen Tragödie und Komödie?
2.4 Was versteht er unter einem „mutigen Menschen"?
2.5 Welche Bedeutung haben für ihn Einfall und Zufall?
2.6 Mit welchen Stilmitteln will er seine Intentionen verwirklichen?

Lösungsvorschläge

Zu 2.1

- Für Dürrenmatt ist die Welt ein Chaos, das für den Einzelnen undurchschaubar ist.
- Als Kennzeichen der modernen Welt sieht er ungehemmtes Bevölkerungswachstum, die Technisierung, wachsende Bedeutung der Medien, anonyme Verwaltung und vor allem die Bedrohung durch Massenvernichtungsmittel.
- Er veranschaulicht seine Wirklichkeitserfassung durch das Bild des Labyrinths, in dem der moderne Mensch wie in der Sage der Minotaurus hilflos herumirrt und vergeblich einen Sinn sucht.

Zu 2.2

- Das Theater hat für Dürrenmatt die Aufgabe, ein gesellschaftliches Gewissen zu schaffen und den Menschen die Konflikte zu veranschaulichen.
- Da die Realität undurchschaubar ist, soll es den Zuschauer herausfordern, ihn wachrütteln, sowohl zur Reflexion als auch zur Suche nach neuen Lösungen anregen.
- Es soll zeitgemäße Probleme darstellen wie z.B. die Gefährdung der Menschheit durch die Massenvernichtungsmittel.
- Der Mensch erkennt einerseits, dass seine Macht wächst, er erkennt aber auf der anderen Seite seine Ohnmacht den Folgen seiner Entdeckungen gegenüber.
- Die Personen sind keine Abbildungen, sondern Modelle der verzerrten Wirklichkeit. Der Mensch kann nicht mehr wie in der Klassik als auto-nomes Individuum betrachtet werden.
- Da das Theater die Zwiespältigkeit des modernen Daseins vorführt, wird es zum Welttheater.

Zu 2.3

- Dürrenmatt spricht von der Undurchschaubarkeit der heutigen Staaten, in denen es keine unumschränkten Machthaber mehr gebe, die die Freiheit der Entscheidung haben. Daraus leitet er ab, dass sich die moderne Welt nicht mehr mit den Formen der klassischen Dramatik darstellen lasse.
- Da der Mensch nur Objekt des Geschehens sei, könne heute nicht mehr von seiner Verantwortung, Schuld und Tragik gesprochen werden.
- Die Tragödie setze die Anerkennung absoluter Werte voraus. Da diese Voraussetzungen nicht mehr zuträfen, könne heute nur die Komödie die angemessene Form der Darstellung der undurchschaubaren Welt sein.
- Tragik sei zwar kein gattungsbildendes Prinzip mehr, aber ein wichtiges Element innerhalb der Komödie. Komik und Tragik gehörten zusammen. Deshalb will Dürrenmatt seine Stücke als „tragische Komödien" oder Tragikomödien verstanden wissen.
- Die Komödie sei auch die dramatische Form, die den Zuschauer ins Theater locke und ihn dort in Distanz zum Geschehen setze.

Zu 2.4

- Auch heute gebe es Menschen, die ihre individuelle Schuld anerkennen und in sich auch im Scheitern die verletzte Weltordnung wiederherstellen wollen. Dürrenmatt bezeichnet diesen Menschentyp als „mutigen Menschen".
- Der „mutige Mensch" verzweifelt nicht angesichts der chaotischen und sinnlosen Welt. Er resigniert nicht angesichts der Hoffnungslosigkeit und will die Welt bestehen. Trotz aller Sinnlosigkeit handelt er verantwortlich.
- Er handelt nicht aus egoistischen Motiven, sondern aus seinem Bewusstsein der Verantwortung. Er vollbringt die moralische Leistung, seine Schuld anzuerkennen.
- In *Die Physiker* scheint z. B. Möbius ein solcher „mutiger Mensch" zu sein.

Zu 2.5

- Für Dürrenmatt ist der „Einfall" das wichtigste Mittel, um die Identifikation des Zuschauers mit dem Bühnengeschehen zu vermeiden und Distanz zu schaffen. Er unterscheidet den Bühneneinfall, die Idee des Stücks, und den Einfall als Einbruch des Unvorhergesehenen.
- Dieser „Einfall" tritt an die Stelle des früheren Schicksals und wird so zum „Zufall", der das Handeln des Menschen in eine Richtung zwingt, die er gerade vermeiden will.
- Ohne den Zufall wäre die Welt geheimnislos, letztlich unmenschlich, ein starres System kausaler Notwendigkeiten.
- Im Zufall manifestiert sich für Dürrenmatt aber auch die Freiheit des Einzelnen, und das heißt auch die Freiheit zum Irrtum und zu falschem Handeln.

- Dieser Zufall führt in der Regel jedoch zur „schlimmstmöglichen Wendung" des Geschehens.
- Eine Reihe von Zufällen bestimmen z. B. die Handlung des Stücks *Die Physiker*. Ihr Zusammentreffen führt zur „schlimmstmöglichen Wendung": „Zufällig" suchte Möbius gerade dieses Irrenhaus aus, in dem die Chefärztin selbst verrückt ist. Zufällig haben die Agenten Möbius' Dissertation gelesen. Zufällig haben sich die Krankenschwestern in die Physiker verliebt und mussten sterben. Zufällig forscht Möbius im Sanatorium weiter.

Zu 2.6

- Für Dürrenmatt ist die Paradoxie Ausdruck der Widersprüchlichkeit und Widersinnigkeit der modernen Welt.
- Die Widersprüche des Paradoxen sind nur scheinbare Widersprüche und erweisen sich in ihrer Verbindung oft als sinnvoll.
- Die Wirkung des Paradoxen beruht auf verblüffenden und den Zuschauer befremdenden Gegensätzen, die seine Erwartungen enttäuschen.
- Das wichtigste Stilmittel, die Paradoxien der Welt auf der Bühne darzustellen, ist die Groteske. Es ist die Grundstruktur in Zeiten des Umbruchs und der Krisen.
- Kennzeichnend für die Groteske ist die Vereinigung von eigentlich Unvereinbarem, das Nebeneinander von Lachen und Entsetzen, zu dem oft ein fantastisches Element gehört.
- Durch das Mittel der Groteske wird dem Zuschauer das Vertraute fremd und unheimlich. Er rückt in Distanz zum Geschehen und erkennt dadurch deutlicher dessen entsetzliche Folgen.
- Grotesk sind z. B. die Normalität im Irrenhaus und besonders die Figur der Chefärztin.

3. Zeit- und Gesellschaftskritik

Aufgaben und Fragestellungen

3.1 Wie sieht Dürrenmatt das Verhältnis seiner Werke zur Gesellschaft?
3.2 Welche Rolle spielt die Chefärztin Dr. Mathilde von Zahnd?
3.3 Welche Bedeutung hat die Szene mit der Familie Rose?
3.4 Welche allgemeine Kritik übt Dürrenmatt an der Gesellschaft?

Lösungsvorschläge

Zu 3.1

- Dürrenmatt sieht alle seine Werke unter einem gesellschaftskritischen Bezug.
- Er sieht es als Aufgabe des Schriftstellers an, die Welt und ihre Konflikte zu erkennen sowie Modelle menschlicher Beziehungen sichtbar zu machen.
- Er sieht seine Position als die eines liberalen Zeitkritikers und will nicht wie z. B. Brecht für eine bestimmte Richtung eintreten.

Zu 3.2

- Die Chefärztin ist die Vertreterin der wirtschaftlichen, industriellen und militärischen Kräfte, die die Welt mit ihrem bindungslosen und ethikfreien Machtstreben bedrohen.
- Unter dem Deckmantel der Humanität strebt sie mit skrupellosen Mitteln nach der Beherrschung der Welt.
- Trotz ihrer Verrücktheit kann sie Möbius und seine Kollegen täuschen und gewinnt durch ihre teuflische Vollkommenheit im Planen und Manipulieren dämonische Züge.
- Sie ist eine groteske Gestalt und erscheint als ein weltbestimmendes Prinzip, das die Menschheit ins Verderben stürzen kann.
- An ihrem Beispiel kritisiert Dürrenmatt die Grenzenlosigkeit des Machtstrebens von Machthabern, Mächten und Ideologien, die irrational handeln und die Wissenschaftler für ihre Zwecke missbrauchen.

Zu 3.3

- Dürrenmatt übt Kritik am Kleinbürgertum, an seiner starren Äußerlichkeit, an einer nur vorgespielten harmonisch geordneten Welt sowie an einem erstarrten Christentum, das die Familie Rose verkörpert.
- Er zeigt an ihrem Beispiel eine Denk- und Lebensweise, die nicht mehr zu den heutigen Verhältnissen angesichts der Existenzgefährdung der Gesellschaft passt, sowie die Wirkungslosigkeit der bürgerlichen Bildungsideale.

- Andererseits erkennt der Leser oder Zuschauer im Handeln dieser Familie eine zu Möbius' Verhalten alternative Form sozialen Handelns und praktische Konsequenzen aus dem Christentum wie z. B. Opferbereitschaft.

Zu 3.4

- Dürrenmatt weist auf die Gefährdung der Menschheit durch den Griff verantwortungsloser Machthaber nach Massenvernichtungsmitteln hin.
- Er zeigt die Last der Verantwortung, die auf den modernen Naturwissenschaftlern liegt, die nirgendwo vor der heimtückischen Auswertung und dem Missbrauch ihrer Forschungen sicher sind.
- Er fragt nach der Ethik in der Wissenschaft und greift die Problematik auf, ob einmal Gedachtes wieder rückgängig gemacht werden kann.
- Er zeigt die Sinnlosigkeit mutigen und verantwortungsvollen Handelns sowie die Hilf- und Wirkungslosigkeit des Einzelnen, der in einer unüberschaubaren Welt dem Zufall ausgeliefert ist.
- Er betrachtet diese Situation des modernen Menschen skeptisch und ist pessimistisch, was den Sinn der Wissenschaften und die Zukunft der Menschheit angeht.

4. Ist Möbius ein „mutiger Mensch"?

Aufgaben und Fragestellungen

4.1 Welche Gründe sprechen dafür, dass Möbius ein „mutiger Mensch" ist?
4.2 Worin liegt die Problematik dieses Muts?
4.3 Aus welchen Gründen scheitert Möbius?
4.4 Zu welchen Erkenntnissen kommt Möbius am Ende des Geschehens?
4.5 Kann man von Tragik sprechen?

Lösungsvorschläge

Zu 4.1

- Möbius handelt nicht aus egoistischen Motiven, sondern ihm geht es um das Wohl der Menschheit. Er handelt gegen den Zeitgeist.
- Er verzichtet auf eine wissenschaftliche Karriere und auf eine Familie, weil er seine Forschungsergebnisse wegen ihrer katastrophalen Auswirkungen zurückhalten will.
- Er erkennt, dass Wissen zurückgenommen werden müsste und dass nicht alles technisch Machbare auch gemacht werden darf, wenn es zum Schaden der Menschheit gereichen kann.
- Es gelingt ihm sogar, seine Kollegen davon zu überzeugen, dass sie freiwillig im Irrenhaus bleiben.

Zu 4.2

- Dürrenmatt führt vor, dass Möbius' aufopferungsvolles Heldentum ein Irrtum und letztlich zerstörerischer Wahnsinn ist.
- Möbius' grundsätzlicher Fehler ist, dass er auch im Irrenhaus aus reiner Lust am Forschen weiterarbeitet und es der Ärztin gerade dadurch ermöglicht, sich in den Besitz seiner Ergebnisse zu bringen.
- Problematisch ist auch, dass er seine Familie schroff zurückweist und seine Krankenschwester ermordet – auch wenn er durch dieses gefühllose Verhalten seiner Familie den Abschied erleichtern will.
- Es stellt sich die Frage, ob inhumane Mittel das edle Motiv, die Rettung der Menschheit, rechtfertigen. Im Nachhinein kann die Frage verneint werden, denn Möbius scheitert mit seinem Versuch, dies zu tun.

Zu 4.3

- Er scheitert am Zufall: Die Ärztin des Irrenhauses, in das er sich zurückzieht, ist verrückt und setzt sich dadurch in den Besitz von Möbius' Aufzeichnungen.

- Erst zu spät erkennt er, dass paradoxerweise gerade die Menschen verstärkt vom Zufall getroffen werden, die besonders planmäßig vorgehen (vgl. Punkt 8 aus Dürrenmatts 21 Punkten zu den „Physikern").
- Er scheitert, weil er meint, als Einzelner etwas lösen zu können, was alle angeht (vgl. Punkt 18 aus Dürrenmatts 21 Punkten).
- Er scheitert an seinem Selbstbetrug, weil er nicht erkennt, dass keine Rettung der Menschheit mehr möglich ist.
- Er scheitert, weil die Menschheit, die er retten wollte, zum Spielball wirtschaftlicher und militärischer Macht wird.

Zu 4.4

- Möbius erkennt sein grundsätzliches Fehlverhalten, nämlich dass die Flucht aus der Gesellschaft in die realitätsferne Welt des Irrenhauses der falsche Weg ist, die Welt zu retten.
- Er sieht ein, dass Gedachtes nicht mehr zurückgenommen werden kann und dass jede Aktion nur als Aktion einer Gemeinschaft sinnvoll ist.
- Möbius' Entscheidung, auf ein privates Leben und auf wissenschaftliche Karriere zu verzichten, erweist sich deshalb als belanglos und folgenlos.
- Die Morde an den Krankenschwestern, die seine wahren Ziele verschleiern sollen, müssen, vom Ende her gesehen, als Verbrechen bewertet werden, weil sie sich durch das Ergebnis des Geschehens nicht rechtfertigen lassen.
- Er akzeptiert seine Einkerkerung als persönliche Schuld. Diese versteht er als Zerstörung der Gottesfurcht durch das unbedingte Wissenwollen.

Zu 4.5

- Möbius befindet sich in einer tragischen Situation, weil es keine Entscheidungsmöglichkeit gibt, die einen versöhnlichen Ausgang verspräche.
- Er ist jedoch nicht der klassische Held, dessen Tod der Bestätigung oder Widerlegung einer gerechten Weltordnung oder der Verherrlichung einer Idee dient.
- Er und seine Kollegen handeln so, als ob sie das Unheil abwenden könnten, das aber schon seinen Lauf genommen hat. Seine Idee der Rettung der Welt scheitert an der Realität.
- Der tragische Schluss wendet sich in die Komödie. Der „mutige Mensch" hat sich umsonst geopfert und führt paradoxerweise gerade den Zustand herbei, den er durch seine Tat zu vermeiden suchte.
- Möbius' Vorstellung von individueller Freiheit erweist sich als Illusion. Sie besteht ausschließlich darin, den Zwang seiner Haft zu akzeptieren.
- Da Möbius verantwortlich gehandelt hat, aber gerade dadurch gescheitert ist, gewinnt sein Handeln tragische Züge.

5. Welche Positionen vertreten Möbius' Physiker-Kollegen?

Aufgaben und Fragestellungen

5.1 Aus welchen Gründen halten sich Newton (Kilton) und Einstein (Eisler) im Irrenhaus auf?
5.2 Welche Auffassungen vertreten sie in Bezug auf die Forschungsergebnisse der Wissenschaft und auf die soziale Verantwortung des Wissenschaftlers?
5.3 Wie rechtfertigen sie die Morde an den Krankenschwestern?
5.4 Mit welchen Argumenten gelingt es Möbius, sie zum Verbleib im Irrenhaus zu überreden?
5.5 Welche Positionen vertreten sie in ihren Schlussmonologen?

Lösungsvorschläge

Zu 5.1
- Newton, der eigentlich Kilton heißt und ein bedeutender Physiker ist, hat sich im Auftrag eines westlichen (des amerikanischen?) Geheimdienstes in die Anstalt eingeschlichen, um Möbius, den er für den größten Physiker aller Zeiten hält, aus der Anstalt zu entführen, damit er für seine Auftraggeber arbeitet.
- Einstein ist der bedeutende Physiker Eisler und ebenfalls Agent eines (des östlichen) Geheimdienstes. Er soll im Auftrag seiner Regierung Möbius in seine Gewalt bringen, um dessen Forschungsergebnisse im Dienste seiner Regierung nutzbar machen zu können.

Zu 5.2
- Beide meinen, dass der Staat optimale Arbeitsbedingungen schaffen müsse, damit die Wissenschaftler in Ruhe forschen könnten.
- Beide sind der Ansicht, dass man seine Forschungsergebnisse nicht zurückhalten dürfe, sondern der Menschheit zur Verfügung stellen müsse, da sie nicht privater Natur, sondern Allgemeingut seien.
- Newton lockt Möbius mit dem Nobelpreis. Er mahnt Möbius, seine Entdeckungen der Menschheit zu übergeben, plädiert für die Freiheit der Wissenschaften und sieht keine Abhängigkeit von der politischen Macht. Die Wissenschaftler seien nicht verantwortlich für die Verwendung ihrer Forschungsergebnisse. Er vertritt den Standpunkt der „reinen" Wissenschaft.

- Einstein fordert die Entscheidung für ein bestimmtes politisches System. Er hat die Überzeugung, dass die Wissenschaftler entscheiden müssten, welcher politischen Macht sie ihre Forschungsergebnisse zur Verfügung stellten. Da sie gewaltige Machtmittel zur Verfügung stellten, könnten sie auch Bedingungen stellen. Er vertritt den Standpunkt einer pragmatischen Wissenschaft.
- Möbius weist Newton darauf hin, dass er der Wissenschaft zwar die Freiheit bewahren wolle, aber die Verantwortung für die Folgen abstreite. Da die Wissenschaftler keinen Einfluss auf die Verwertung ihrer Forschungsergebnisse hätten, sei die vermeintliche Freiheit eine Sackgasse.
- Er macht Einstein darauf aufmerksam, dass er seine Forschungsergebnisse in den Dienst einer Partei stelle und ebenfalls keinen Einfluss auf ihre Verwertung mehr habe. Deshalb könne auch sein Weg nur in die Katastrophe führen.

Zu 5.3
- Sie rechtfertigen die Morde damit, dass die Krankenschwestern sie nicht mehr für verrückt hielten und so hinter ihr Inkognito als Agenten gekommen seien.
- Dieses hätten sie wahren müssen, um zu ihrem Ziel zu gelangen, nämlich Möbius' Aufzeichnungen in ihren Besitz zu bekommen und ihren Auftraggebern zur Verfügung zu stellen.
- Dadurch unterscheiden sie sich grundsätzlich von Möbius, der aus Verantwortung gegenüber der Menschheit Schwester Monika tötet, weil sie ihn zurück in die Gesellschaft führen will, wo er befürchten muss, wieder seine wissenschaftliche Tätigkeit aufnehmen zu müssen.

Zu 5.4
- Möbius verweist seine Kollegen auf die Gefährlichkeit des Wissens und auf die unübersehbaren Folgen seiner Auswertung für die Menschheit hin. Die Wissenschaft sei schrecklich geworden, die Forschung gefährlich und die Erkenntnisse seien tödlich.
- Als einzige Möglichkeit, die Menschheit vor dem Untergang zu bewahren, sieht er die Kapitulation vor der Wirklichkeit. Da das Risiko des Untergangs der Menschheit nicht eingegangen werden dürfe, müssten die wissenschaftlichen Erkenntnisse zurückgenommen werden.
- Paradoxerweise sei Freiheit in der heutigen Zeit nur noch im Irrenhaus möglich. In der Gesellschaft seien die Gedanken der Wissenschaftler Sprengstoff. Deshalb müssten er und seine Kollegen im Irrenhaus bleiben.
- Als seine Kollegen das Irrenhaus trotzdem verlassen wollen, überzeugt er sie, dass sie nur auf diese Weise die Ermordung ihrer Krankenschwestern sühnen könnten. Die Morde seien dann sinnlos gewesen, und sie seien ganz normale Mörder. Die Morde hätten nur dann einen Sinn, wenn die

Physiker durch ihre freiwillige Gefangenschaft den Mord im Irrenhaus sühnten und die Menschheit vor den schrecklichen Folgen ihrer Entdeckungen bewahrten.
- Damit scheint das Stück im Sinne eines klassischen Dramas positiv auszugehen: Die Helden opfern sich, die persönliche Schuld wird gesühnt, die gestörte Weltordnung scheint wiederhergestellt zu sein.

Zu 5.5
- Die drei Monologe artikulieren unterschiedliche Entwicklungsstufen naturwissenschaftlichen Denkens.
- Newton vertritt den Standpunkt, der Naturwissenschaftler habe sich auf das Erfahrbare, Tatsächliche zu beschränken. Er glaubt an die positiven Möglichkeiten naturwissenschaftlichen Denkens und sieht noch keine negativen Folgen für den Menschen und die Gesellschaft.
- Einstein sieht sich als künstlerisch interessierter Mensch. Er will seinem gesellschaftlichen System seine Forschungsergebnisse zur Verfügung stellen, muss aber erkennen, dass sie machtpolitisch missbraucht werden und dass er trotz seiner Menschenliebe die Möglichkeit zur Massenvernichtung geschaffen hat.
- Möbius entwirft die schreckliche Zukunftsvision einer durch die Folgen menschlichen Denkens und Forschens zerstörten Welt. Fehlende ethische Grundsätze und menschlicher Größenwahn führten seiner Ansicht nach unweigerlich zum Ende der Menschheit.
- Die Schlussmonologe bieten keine Lösung an. Sie sind eine Bestandsaufnahme der heutigen Zeit. Das befriedigende Ende, das durch den Entschluss der Physiker, freiwillig im Irrenhaus zu bleiben, möglich gewesen wäre, ist durch das Verhalten der wahnsinnigen Ärztin verhindert worden.

6. Künstlerische Gestaltungsmittel

Aufgaben und Fragestellungen

6.1 Welche Merkmale kennzeichnen die dramatische Bauform?
6.2 Welche wichtigen Gestaltungsmittel verwendet Dürrenmatt?
6.3 Welches sind die wichtigsten Motive und Symbole?
6.4 Welche sprachlichen Besonderheiten lassen sich erkennen?

Lösungsvorschläge

Zu 6.1

- Dürrenmatt gibt ausführliche Bühnenanweisungen. Er informiert den Leser über den Ort, das Sanatorium und seine Umgebung, über Personen und wichtige Ereignisse bis zum Einsetzen der Handlung und über die Zeit des Geschehens, die genau so lange dauert wie die Aufführungszeit. Diese Vorinformationen erinnern an Brechts episches Theater.
- Er hält die drei klassischen Einheiten des Raumes, der Zeit und der Handlung ein, lässt aber die antike Form in einem Missverhältnis zum grotesken Inhalt stehen, weil seiner Meinung nach einer Handlung, die unter Verrückten spielt, nur die klassische Form beikommt.
- Wegen der befremdlichen und verfremdenden Diskrepanz zwischen Form und Inhalt handelt es sich um die Travestie einer klassischen Tragödie. Die paradoxen Ereignisse spiegeln die Widersprüchlichkeit des modernen Lebens wider.
- Dürrenmatt wählt nach dem Vorbild der griechischen Tragödie König Ödipus eine analytische Darstellung, das heißt, dass das Bühnengeschehen nicht die gesamten Ereignisse darstellt, die zum Konflikt führen, sondern nur ihre letzten Auswirkungen.
- Die wichtige Handlung liegt wie bei König Ödipus vor dem Bühnengeschehen und wird in dessen Verlauf langsam enthüllt: Zwei Morde werden polizeilich behandelt. Die Maßstäbe für Normalität und Verrücktheit sind unsicher geworden. Der Zuschauer fragt sich, wer verrückt und wer normal ist. Allmählich wird er darüber aufgeklärt.

Zu 6.2

- Dürrenmatt verwendet die Mittel der Parallelität und des Kontrasts. Die beiden Akte sind parallel aufgebaut, aber inhaltlich durch Kontraste bestimmt.
- Jeder Akt hat drei Hauptszenen. Zu Beginn steht eine Untersuchungsszene, am Ende steht eine Enthüllungsszene. Im ersten Akt ist der Inspektor der Ärztin unterlegen, im zweiten scheint es umgekehrt zu sein. Im

ersten Akt scheint Möbius verrückt und die Ärztin normal zu sein, im zweiten ist es umgekehrt.

- Während der erste Akt komödienhaften Charakter hat, hat der zweite eher den Charakter der Tragödie, weil am Ende die Katastrophe steht. Im ersten Akt wird die gewohnte Welt durch die verkehrte Welt des Irrenhauses, in der die „normalen" Maßstäbe nicht mehr gelten, in Frage gestellt, im zweiten verkehrt sich die Ordnung des Irrenhauses in die Realität, und es kommt zur „schlimmstmöglichen Wendung".
- Diese Wendung besteht darin, dass die Physiker, die sich zum Verbleib im Irrenhaus entschlossen haben, um die Welt vor ihren gefährlichen Forschungsergebnissen zu schützen, die Vergeblichkeit ihrer Planung erkennen und erleben müssen, dass gerade durch ihr Verhalten das eintritt, was sie vermeiden wollten. Die verrückte Irrenärztin hat sich die Ergebnisse angeeignet und strebt die Weltherrschaft an.
- Die dramatische Spannung entspringt dieser paradoxen Situation, der niemand entgehen kann. Dürrenmatt verstärkt die Spannung durch immer neue Einfälle. Die Handlung in einem Irrenhaus spielen zu lassen, bildet den Rahmen für neue Einfälle, die sich zu Szenen verdichten (z. B. die Szene mit der Familie Rose und die Enthüllungsszenen). Die beiden Untersuchungsszenen dienen zur Irreführung des Zuschauers.
- Die Monologe der Physiker am Ende des Stücks tragen nicht zur Spannungssteigerung bei, sondern stellen eine Art Epilog dar und erinnern mit ihrem Verfremdungseffekt erneut an Brechts episches Theater. Der Zuschauer soll über das Gesehene und Gehörte nachdenken und sich als Betroffenen erkennen. Da die Schauspieler im Gegensatz zu Brechts Theater in ihre alte Rolle zurücktreten, erkennt der Zuschauer die Sinnlosigkeit der durch derartige Zufälle bestimmten Welt und die Verantwortlichkeit des Einzelnen.

Zu 6.3

- Der Ort des Geschehens hat symbolischen Charakter. Das Irrenhaus steht für die verkehrte Welt und Degeneration der Gesellschaft. Die früher großbürgerliche und geordnete Welt hat sich mit verkehrten moralischen Maßstäben in eine Horror-Welt verwandelt, in der die Verantwortliche ihren humanen Auftrag missbraucht. Der Ort früherer Geborgenheit und Geselligkeit ist zum Ort der Bedrohung geworden.
- Damit verbunden ist das Bild der Einschließung. Das Irrenhaus wird zum Gefängnis umfunktioniert, aus dem niemand mehr entkommt. Es ist ein Symbol für unsere chaotische Welt.
- Die Musik ist nicht mehr eine Ausdrucksform kulturbewussten Großbürgertums, sondern Ausdruck der Leere und der formalisierten Innerlichkeit in einer von der Zerstörung bedrohten Welt. Einsteins Geigenspiel erinnert an Massenmörder des Dritten Reiches, die die Musik liebten.

- Das auffälligste Symbol ist das Motiv vom König Salomo. Salomo gilt als Urbild des weisen und mächtigen Herrschers. Für Dürrenmatt ist er Symbol für das Dilemma der Wissenschaften in unserer Zeit.
- Die Verwandlung Salomos zum armen König zeigt die Entwertung von Weisheit und Wissen in unserer Zeit. Die Wissenschaftler lösen sich von ihren eigentlichen humanen Zielen. Statt Ehrfurcht vor Gott zu beweisen, vergessen sie ihren Auftrag im Dienst der Menschlichkeit.
- Weisheit, die ihr Ziel in sich selbst findet, verarmt zum bloßen instrumentalen Wissen, das für alle Zwecke eingesetzt werden kann. Für die verrückte Ärztin bedeutet die Identifikation mit Salomo die Verabsolutierung der Wissenschaft zum Zweck der Herrschaft über den Menschen.

Zu 6.4

- Die Sprache enthüllt durch Doppeldeutigkeit und Mehrdeutigkeit. Dadurch wird der Zuschauer verunsichert, aber gleichzeitig wird sein Interesse für den Fortgang des Geschehens geweckt (z. B. Unterhaltung des Inspektors mit den Physikern zu Beginn).
- Verstärkt wird die Mehrdimensionalität der Sprache durch Paradoxien (z. B. Freiheit im Irrenhaus), Wortspiele (z. B. „löschen sich die Wissenschaftler im Gedächtnis der Menschen aus oder die Menschheit erlöscht“) und Euphemismen (Mord ist z. B. ein „Unglücksfall“).
- Als Sprachebenen lassen sich das argumentative Sprechen der Wissenschaftler über ihre Arbeit und das pathetische Sprechen unterscheiden (z. B. Möbius über Monika; Schlussmonologe). Beide Formen treten auch nebeneinander auf. Außerdem verwendet Dürrenmatt an bestimmten Stellen eine niedere Sprachebene (z. B. im „Psalm Salomos“).
- Typisch sind triviale Sprachelemente und Ausdrücke, die kitschig wirken (z. B. im Gespräch der Familie Rose miteinander). Sie dienen oft zur Entlarvung der bürgerlichen Scheinidylle.
- Man kann verschiedene Arten des Sprechens unterscheiden: das Nebeneinanderher-Sprechen als Ausdruck der Beziehungslosigkeit (Familie Rose und Möbius), das Gegeneinander-Sprechen als Ausdruck unterschiedlicher Ordnungen (Oberschwester, Ärztin und Inspektor) und das Aneinander-Vorbei-Reden wegen unterschiedlichen Erfahrungshorizonts (Schwester Monika und Möbius).
- Die Sprache ist vielschichtig, vieldeutig, verliert zum Teil ihre Ordnungsfunktion und ist Ausdruck der chaotisch gewordenen Welt. Sie entlässt den Zuschauer verunsichert und soll ihn dazu bewegen, sich mit der zunehmenden Bedrohung der Welt auseinanderzusetzen.

7. Andere Gestaltungen der Thematik

Aufgaben und Fragestellungen

7.1 Was hat Dürrenmatt in Bezug auf Brecht in seiner Gesellschafts- und Dramenauffassung gemeinsam, und was unterscheidet beide?

7.2 Welche Gemeinsamkeiten weisen Dürrenmatts *Physiker*, Brechts *Galilei* und Kipphardts *Oppenheimer* auf?

7.3 Welche Unterschiede lassen sich feststellen?

Lösungsvorschläge

Zu 7.1

- Wie Brecht betont Dürrenmatt die Gesellschaftsbezogenheit seiner literarischen Werke. Aber er engagiert sich nicht wie Brecht für eine bestimmte Ideologie, da sie die Weltsicht unzulässig einenge.
- Brechts Geschichtsbild ist eher rational bestimmt. Er glaubt an eine sinnvolle Gesamtentwicklung der Menschheit sowie die positive Veränderbarkeit des Menschen und der Gesellschaft durch das Engagement Einzelner zum Sozialismus hin.
- Dürrenmatts Geschichtsbild ist durch Irrationalität und die Einwirkung des Zufalls gekennzeichnet. Für ihn ist der Mensch der Neuzeit mit chaotischen Mächten konfrontiert, die sich seiner Kontrolle entziehen. Deshalb lehnt er jede Ideologie ab.
- Im Gegensatz zu Brecht ist er nicht der Meinung, dass der Schriftsteller die Welt verändern kann, aber er will die Zuschauer beunruhigen und die Konflikte der Zeit sichtbar machen.
- Dürrenmatt lehnt wie Brecht das bisherige Illusionstheater ab, übernimmt von ihm aber Grundsätze des epischen Theaters wie den Verfremdungseffekt und den Grundsatz der Nicht-Identifikation des Zuschauers.
- Aber für ihn liegt der Verfremdungseffekt nicht in der Regie, sondern im Stoff. Er will weniger belehren, sondern mehr unterhalten und damit das Publikum überlisten, sich mit Problemen auseinanderzusetzen, die es gern verdrängt.
- Die dramatische Form, die die Identifikation des Zuschauers mit dem Bühnengeschehen erschwert, ist für Dürrenmatt die Form der tragischen Komödie. Durch Paradoxien und die daraus resultierende groteske Darstellung wird der Zuschauer zum Lachen gebracht. Dadurch wird eine Identifizierung verhindert.

Zu 7.2

- Gemeinsam ist die Thematik Wissenschaft und Verantwortung. In allen drei Stücken geht es um die Bedeutung der Naturwissenschaft und um die schlimmen Folgen für die Entwicklung der Menschheit.
- Die Helden der drei Stücke scheitern, und zwar aus persönlicher Schwäche wie Galilei oder an den gesellschaftlichen Verhältnissen wie Möbius und Oppenheimer.
- Bevor Oppenheimer und Möbius ihr Versagen erkennen, ist die unheilvolle Wendung schon eingetreten. Möbius sieht seine Erfindungen missbraucht, Oppenheimer hat den Abwurf der Atombombe selbst mitgestaltet.
- Alle drei Autoren wollen ihr Publikum mit problematischen wissenschaftlichen und gesellschaftlichen Entwicklungen bekannt machen und auf diese Weise sein ethisches und politisches Urteilsvermögen schärfen.

Zu 7.3

- Brecht kleidet das Geschehen historisch ein und schreibt ein historisch-biografisches Stück. Er hat eine optimistische Geschichtsauffassung. Galilei hätte die Möglichkeit gehabt, als Schrittmacher einer künftigen Revolution den Verlauf der Geschichte zu ändern. Deshalb wird er durch sein moralisches Versagen schuldig. Die historische Figur, die Brecht wählt, ist aber als Verkörperung des heutigen Naturwissenschaftlers zu sehen. Er will die dramatische Handlung in die Gegenwart hinein öffnen und die Kritik des Zuschauers herausfordern.
- Dürrenmatt führt in seiner tragischen Komödie ein erdichtetes Geschehen vor. Er bildet die Wirklichkeit in einer grotesken Welt ab, die er auf der Bühne darstellt, so dass der Zuschauer seine eigene ausweglose Situation erkennt. Er hat die pessimistische Auffassung, dass es für den Einzelnen unmöglich sei, den Verlauf der Geschichte zu ändern. Möbius' erkennt frühzeitig seine Verantwortung, aber sein verzweifelter Verzicht auf Forschung ist sinnlos. Er ist Spielball eines anonymen Apparats und ist einerseits Opfer, aber auch Mitschuldiger.
- Kipphardt geht in seinem Dokumentarstück von einer realen Begebenheit aus, reduziert sie auf das eigentliche Problem, die Verantwortung des Physikers, um sie vom Zuschauer kritisch reflektieren zu lassen. Sein „Held" hat die Folgen seiner wissenschaftlichen Forschung miterlebt und erkennt seine Verantwortung. Seine Verweigerung weiterer Mitarbeit ist und bleibt folgenlos. Er kann den Ablauf des Geschehens nicht mehr ändern. Auch er ist einerseits Mitschuldiger am Geschehen, andererseits Opfer eines anonymen Apparats, den er nicht beeinflussen kann.
- Was in Brechts Galilei prophezeit wird, der Missbrauch der Wissenschaften, findet in Dürrenmatts und Kipphardts Stücken seine Erfüllung, wobei Möbius die Katastrophe vor sich hat, während sie bei Oppenheimer schon begonnen hat.

8. „Es gibt keine andere Lösung" – Textanalyse und literarische Erörterung

Textgrundlage

Möbius' Rede S. 73 f.

Aufgabenstellung

8.1 Ordnen Sie die Textstelle in den Kontext ein.
8.2 Welches sind Stellenwert und Thematik der Textstelle?
8.3 Erläutern, analysieren und deuten Sie Möbius' Aussagen.
8.4 Hat Möbius Recht, wenn er meint, es gebe „keine andere Lösung" für die Physiker als die Zurücknahme des Wissens?

Lösungsvorschläge

8.1 Einordnung des Zitats in den Kontext

- In dieser Szene treten alle drei Physiker auf, Möbius, Newton alias Kilton und Einstein alias Eisler. Die vermeintlich geistesgestörten Wissenschaftler geben sich als Agenten eines östlichen und eines westlichen Geheimdienstes zu erkennen, die ihre Verrücktheit als Tarnung benutzen. Sie töteten ihre Krankenschwestern, um ihr Inkognito zu bewahren, weil diese sie nicht mehr für verrückt hielten.
- Beide Physiker haben den Auftrag, sich in den Besitz von Möbius' Forschungsergebnissen zu setzen, die ihren Regierungen ungeheure Macht verleihen würden, und unterhalten sich über den Sinn ihrer Arbeit.
- Newton tritt für die Freiheit der Wissenschaft ein und lehnt jede Verantwortung für die Folgen der Erkenntnisse ab, muss aber zugeben, dass er nicht verhindern kann, dass sich die Regierung seiner Forschungsergebnisse im Sinne ihrer Machtpolitik bedient.
- Einstein stellt seine Ergebnisse einem bestimmten politischen System zur Verfügung, sieht eine Abhängigkeit der Politik von der Wissenschaft, gibt aber zu, dass er zu Gunsten der Partei auf die Macht verzichtet.
- Jeder will, dass sich Möbius für seine Seite entscheidet. Als Möbius sagt, dass er seine Manuskripte verbrannt habe, sehen sie sich um ihr Ziel betrogen und sind ratlos.
- Möbius spricht mit ihnen als Kollege, entlarvt ihre angebliche Freiheit als Abhängigkeit von den jeweiligen Machthabern und versucht in dem vorliegenden Textausschnitt, sie durch Argumente zu überzeugen, im Irrenhaus zu bleiben.

- Sie lehnen dies zunächst ab. Als Möbius sie aber auf die Ermordung der Krankenschwestern hinweist und sie als Mörder bezeichnet, gelingt es ihm, seine widerstrebenden Kollegen zum Verbleib zu bewegen.
- Aber ihr persönliches Opfer ist sinnlos. Die verrückte Ärztin hat sich in den Besitz von Möbius' Forschungsergebnissen gesetzt und will sie für ihre machtpolitischen Ziele missbrauchen.

8.2 Stellenwert und Thema des Textes

- Die Textstelle steht am Ende der zweiten Enthüllungsszene (61–78) und enthält den gedanklichen Höhepunkt des Stücks.
- Sie formuliert das Zentralthema des Stücks, nämlich die Verantwortung des Wissenschaftlers für die Folgen seines Forschens, die für die Menschheit tödlich sein können.
- Sie vermittelt dem Zuschauer Möbius' Lösung des Problems, die darin liegt, dass die Physiker ihr Wissen zurücknehmen.
- Mit dieser Erkenntnis und dem Entschluss, im Irrenhaus zu bleiben, könnte das Stück positiv enden, wenn nicht der Zufall, die verrückte Ärztin, die „schlimmstmögliche Wendung" herbeiführte.

8.3 Erläuterung, Analyse und Deutung der Textstelle

- Der Textausschnitt (Z. 1–35) besteht aus zwei ungefähr gleichlangen Abschnitten, die durch einen Einwand Newtons (Z. 19) unterbrochen werden. Der erste Abschnitt (Z. 1–18) beschäftigt sich mit der Verantwortung des Wissenschaftlers, der zweite (Z. 20–35) gibt die allgemeine Begründung für Möbius' Entscheidung, im Irrenhaus zu bleiben.
- Möbius knüpft an Einsteins Behauptung an, es gebe Risiken, die man eingehen müsse. Er formuliert die Gegenthese, Risiken wie den Untergang der Menschheit dürfe man nicht eingehen, und weist auf die Waffen hin, deren Produktion durch seine Forschungen möglich würde.
- Als Beleg für die Konsequenz seiner Haltung führt er seinen Verzicht auf Familie, Ruhm und Geld trotz seiner Armut und seinen Entschluss auf, sich aus der Gesellschaft ins Irrenhaus zurückzuziehen. Bedingung für Familienleben und Karriere wäre die Veröffentlichung seiner Arbeiten gewesen, aber gerade dies hätte zum letztlich zum Zusammenbrechen der gesamten Wirtschaft missbraucht werden können.
- Er begründet, warum er nicht diesen Weg zu Geld und Ruhm, sondern den persönlichen Opfers gewählt hat, mit der Verantwortung, die er als Wissenschaftler gegenüber der Menschheit habe. Deshalb habe er seine Forschungsergebnisse nicht veröffentlicht.
- Auf Newtons Einwand, dieser Rückzug aus der Gesellschaft sei keine Lösung, begründet Möbius seinen Entschluss mit der extremen Situation der Wissenschaft in der heutigen Zeit und stellt die These auf, die Vernunft lasse keine andere Lösung zu.

- In drei Schritten versucht er seine Kollegen von seiner Haltung zu überzeugen. Zuerst behauptet er, die Wissenschaft sei an die Grenzen des Erkennbaren gestoßen und habe das Ende ihrer Möglichkeiten erreicht. Er begründet diese Aussage mit dem Hinweis auf große Bereiche der Realität, die vom Verstand her nicht zu erschließen seien.
- In einem zweiten Schritt stellt er fest, dass die Menschheit nicht fähig sei, die Ergebnisse der modernen Wissenschaft ethisch zu bewältigen. Er begründet diese These damit, dass die Forschungsergebnisse tödlich seien, weil die Gesellschaft nicht verantwortungsvoll mit ihnen umgehen könne.
- Im dritten Gedankenschritt zieht Möbius die Konsequenz aus seinen bisherigen Gedanken und stellt die These auf, die Wissenschaftler hätten nur noch die Möglichkeit, vor der Realität zu kapitulieren und ihr Wissen zurückzunehmen. Er geht in die Offensive, weist darauf hin, dass er selbst dies getan habe, und meint, seine Kollegen müssten dies auch tun.
- Das Argument, es gebe nur die Kapitulation vor der Wirklichkeit, da sie uns nicht gewachsen sei und an uns zugrunde gehe (Z. 31–33), scheint widersprüchlich, da normalerweise nur vor einem Überlegenen kapituliert wird.
- Der Widerspruch löst sich auf, wenn man die Wirklichkeit unter zweierlei Aspekten sieht. Durch die Kraft der Wissenschaft kann der Forscher die Realität gestalten und verändern. Sie ist schwach, weil sie sich nicht gegen ihre Erforschung und auch gegen ihre Ausbeutung wehren kann. Diese veränderte Realität, das Ergebnis wissenschaftlicher Forschung – Möbius spricht von der „Weltformel", von „neue[n], unvorstellbare[n] Energien" (69) –, ist jedoch für die Menschheit und auch für den Forscher selbst zu einer tödlichen Gefahr geworden, vor der er kapitulieren muss, weil er sie nicht mehr beherrscht und auch ihren Missbrauch nicht mehr kontrollieren kann. Es geht dem modernen Naturwissenschaftler wie Goethes Zauberlehrling: Die Geister, die er rief, wird er nicht mehr los.
- Der Textausschnitt ist entsprechend seiner Intention argumentativ aufgebaut (Thesen, Argumente, Beispiele) und rhetorisch stark ausgestaltet. Knappe, eindringlich wirkende Hauptsätze herrschen vor, besonders im zweiten Textabschnitt. Im ersten Abschnitt dominiert das Personalpronomen „ich" und verdeutlicht die Subjektivität der Aussage. Im zweiten Abschnitt verallgemeinert Möbius seine Argumente und spricht davon, was „wir" wissen und wie „wir", also die Gruppe der Physiker, uns verhalten sollen.
- Durchgehend fällt die dialektische Gedankenführung auf, die schon durch das Begriffspaar „Wissenschaft" und „Verantwortung" bedingt ist. Einstein meint, Risiken müsse man eingehen, Möbius entgegnet, manche dürfe man eben nicht eingehen. Die Waffen, die die Menschheit jetzt besitzt, stehen im Gegensatz zu den Waffen, die durch Möbius' Erfindung in Zukunft gebaut werden können. Die Universität bedeutet „Ruhm", die Industrie „Geld" (8). Möbius' möglicher Weg zu einer führenden Rolle im Bereich

der Wissenschaft und der Gesellschaft, zu Ruhm und Geld, kontrastiert zu seinem gewählten Weg ins Irrenhaus, zum Rückzug aus der Gesellschaft. Die Wissenschaft habe gewaltige Fortschritte gemacht, wie er meint, aber die Menschheit sei ihnen in ihrer ethischen Entwicklung nicht nachgekommen.

- Andere rhetorische Mittel fallen auf. Anaphorische Satzanfänge („Ich war arm. Ich besaß […]“; „Wir sind […]. Wir wissen […]. Wir haben […]“), verbunden mit parallelem Satzbau, verstärken die Bedeutung der Rede und verleihen ihr Eindringlichkeit, wobei ihre Verbindung mit der dreigliedrigen Argumentation („Unsere Wissenschaft ist schrecklich geworden, unsere Forschung gefährlich, unsere Erkenntnis tödlich“) besonders einprägsam und auch gedanklich spannend wirkt.

8.4 Ist die Zurücknahme des Wissens die Lösung?

- Möbius sieht als einzige Lösung, der Gefahr des Missbrauchs seiner Forschungsergebnisse zu entgehen, die Zurücknahme seines Wissens. Er veröffentlicht seine Arbeiten nicht, kann deshalb keine wissenschaftliche Karriere machen und verzichtet so auf Ruhm und Geld. Er kann also davon ausgehen, dass die Ergebnisse nicht bekannt werden und nicht missbraucht werden können.
- Als zweite Sicherung vor dem Missbrauch seiner Forschungsergebnisse zieht er sich nicht nur aus der Wissenschaft, sondern auch aus der Gesellschaft und von seiner Familie ins Irrenhaus zurück, und zwar aus Verantwortung der Menschheit gegenüber.
- Seine dritte Sicherung besteht darin, dass er seine gefährlichen Forschungsergebnisse im Irrenhaus verbrennt (vgl. 71). Jetzt könnte er ganz sicher sein, dass sie nicht bekannt werden, und auch die beiden Kollegen können nicht mehr in ihren Besitz gelangen.
- Aber er macht den folgenreichen Fehler, dass er im Irrenhaus aus Wissensdrang weiterforscht, weil er annehmen kann, dass er unentdeckt bleibt. Auf Veröffentlichung seiner Ergebnisse kann er verzichten, nicht aber auf das Forschen um des Forschens willen.
- Er hat den Zufall außer Acht gelassen, der zur „schlimmstmöglichen Wendung“ führt. Dürrenmatt begründet diese Bedeutung des Zufalls: „Je planmäßiger die Menschen vorgehen, desto wirksamer vermag sie der Zufall zu treffen.“ (Punkt 8 seiner 21 Punkte zu den „Physikern“, 91)
- Dürrenmatt verweist in diesem Zusammenhang auf Sophokles‘ Tragödie König Ödipus, der als Ziel seiner Untersuchung über den Tod seines Vaters gerade das herausfindet, was er widerlegen will: dass er ihn selbst umgebracht hat (vgl. Punkt 9, 92).

- Möbius hat sich „zufällig“ in das falsche Irrenhaus zurückgezogen, in dem die Ärztin selbst verrückt ist, ihn nicht als verrückt ansieht und sich in Besitz seiner Ergebnisse setzt, die sie nicht als Verrücktheiten ansieht, sondern als geniale Entdeckungen. Dadurch hebt sie den Sinn seiner Opfer auf, und es geschieht gerade das, was er unbedingt vermeiden will.
- Dürrenmatt führt an Möbius' Beispiel vor, dass es nicht möglich ist, Wissen zurückzunehmen. Nachdem Möbius seine wahre Situation erkannt hat, stellt er selbst fest: „Was einmal gedacht wurde, kann nicht mehr zurückgenommen werden.“ (85) Er hat erkannt: Wenn ein einzelner Forscher seine Ergebnisse zurücknehmen will, werden andere Forscher früher oder später zu den gleichen Ergebnissen kommen.
- Hinzu kommt, dass nicht erwartet werden kann, dass alle die gleiche Verantwortung fühlen und ihr gefährliches Wissen gemeinsam für sich behalten. Deshalb schreibt Dürrenmatt im Punkt 18: „Jeder Versuch eines Einzelnen, für sich zu lösen, was alle angeht, muß scheitern.“ (93)

Literaturhinweise

Textausgaben

- Friedrich Dürrenmatt: Der Besuch der alten Dame. Zürich: Diogenes, 1999. (Diogenes Taschenbücher 23045.)
- Komödien III. Zürich: Die Arche, 1970. [Zit. als: Komödien III.]
- Stoffe I–III. Zürich: Diogenes, 1981. [Zit. als: Stoffe.]
- Theater-Schriften und Reden. Zürich: Die Arche, 1969. [Zit. als: TS.]
- Dramaturgisches und Kritisches. Theater-Schriften und Reden II. Zürich: Die Arche, 1972. [Zit. als: TS II.]
- Monstervortrag über Gerechtigkeit und Recht. Zürich: Die Arche, 1969.

Bertolt Brecht: Leben des Galilei. Frankfurt: Suhrkamp, 1977. (edition suhrkamp 1.)

Heinar Kipphardt: In der Sache J. Robert Oppenheimer. Frankfurt: Suhrkamp, 1981. (edition suhrkamp 64.)

Sekundärliteratur

Materialien

Arnold, Heinz Ludwig: Schriftsteller im Gespräch. Bd. I. Zürich: Haffmanns, 1990.

Bienek, Horst (Hrsg.): Werkstattgespräche mit Schriftstellern. München: Hanser, 1962.

Materialien zu Friedrich Dürrenmatt, *Die Physiker*. Stuttgart: Klett, 1989. (Editionen für den Literaturunterricht.) [Zit. als: Materialien.]

Plett, Peter C.: Dokumente zu Friedrich Dürrenmatt, *Die Physiker*. Stuttgart: Klett, 1972. (Arbeitsmaterialien Deutsch.) [Zit. als: Plett.]

Schmidt, Karl (Hrsg.): Friedrich Dürrenmatt, *Der Besuch der alten Dame*. Erläuterungen und Dokumente. Stuttgart: Reclam, 1975. [Zit. als: Schmidt.]

Interpretationen

Allemann, Beda: Die Struktur der Komödie bei Frisch und Dürrenmatt. In: Das deutsche Lustspiel II. Hrsg. von H. Steffen. Göttingen: Vandenhoeck und Ruprecht, 1969. (Kleine Vandenhoeck-Reihe 277.)

Arnold, Armin (Hrsg.): Zu Friedrich Dürrenmatt. Stuttgart: Klett, 1982. (LGW-Interpretationen Bd. 60.)

Butzlaff, Wolfgang: Dürrenmatt als Dramatiker. In: Der Deutschunterricht 23, H. 5 (1971).

Charbon, Rémy: Die Naturwissenschaften im modernen deutschen Drama. Zürich: Artemis, 1974.

Durzak, Manfred: Dürrenmatt, Frisch, Weiss. Deutsches Drama der Gegenwart zwischen Kritik und Utopie. Stuttgart: Reclam, 1972.

– Dramaturgie des Labyrinths – Dramaturgie der Phantasie. Friedrich Dürrenmatts dramentheoretische Position. In: Armin Arnold (Hrsg.): Zu Friedrich Dürrenmatt. Stuttgart: Klett, 1984. (LGW-Interpretationen Bd. 60.)

Große, Wilhelm: Friedrich Dürrenmatt. Stuttgart: Reclam, 1998. (Literaturwissen für Studium und Schule.) [Zu *Die Physiker* S. 84–93.]

Jauslin, Christian: Friedrich Dürrenmatt. Zur Struktur seiner Dramen. Zürich: Juris, 1964.

Keller, Oskar: Friedrich Dürrenmatt, *Die Physiker*. 7. Aufl. München: Oldenbourg, 1998. (Oldenbourg Interpretationen Bd. 9.)

Knapp, Gerhard P.: Friedrich Dürrenmatt, *Die Physiker*. 4. Aufl. Frankfurt: Diesterweg, 1983. (Grundlagen und Gedanken zum Verständnis des Dramas.)

– *Die Physiker*. In: Armin Arnold (Hrsg.): Zu Friedrich Dürrenmatt. Stuttgart: Klett, 1982 (LGW-Interpretationen Bd. 60.)

Knopf, Jan: Der Dramatiker Friedrich Dürrenmatt. Berlin: Henschel Verlag, 1987.

– Friedrich Dürrenmatt. München: C. H. Beck, 1988. (Beck'sche Reihe, Autorenbücher 611.)

– Friedrich Dürrenmatt, *Die Physiker*. Apokalyptisches Narrenspiel. In: Interpretationen. Dramen des 20. Jahrhunderts. Bd. 2. Stuttgart: Reclam, 1996.

Mayer, Hans: Dürrenmatt und Frisch. Anmerkungen. Pfullingen: Neske, 1977.

Muhres, Michael: Dürrenmatts Begriff der Verantwortung. Diss. Frankfurt 1974.

Profittlich, Ulrich: Der Zufall in den Komödien Friedrich Dürrenmatts. In: Zeitschrift für Deutsche Philologie 90, H. 2 (1971).

– Friedrich Dürrenmatt. Komödienbegriff und Komödienstruktur. Eine Einführung. Stuttgart: Kohlhammer 1973.

Weiterführende Literatur

Anders, Günther: Thesen zum Atomzeitalter (1959). In: Almanach für Literatur und Theologie Bd. 14. Wuppertal: Hammer Verlag, 1981. Auch in: G. A.: Die atomare Bedrohung. Radikale Überlegungen. 3. Aufl. München: C. H. Beck, 1981. S. 93–105.

Jaspers, Karl: Die Atombombe und die Zukunft des Menschen. München: Deutscher Taschenbuch Verlag, 1961. (dtv 903.)

Jungk, Robert: Heller als tausend Sonnen. Das Schicksal der Atomforscher. Neuausg. Reinbek: Rowohlt, 2016.

Stichwortregister

Ob Abitur oder Klausur – Prüfungsvorbereitung in letzter Minute

Einfach nur die Fakten lernen, die zum Bestehen der Prüfung nötig sind.
Alle wichtigen Themen werden in 150 prüfungsrelevante Begriffe aufgeteilt.
Praktisch: ersetzt die eigene Zusammenfassung!

978-3-12-949317-5
978-3-12-949319-9
978-3-12-949321-2
978-3-12-949322-9
978-3-12-949316-8
978-3-12-949323-6
978-3-12-949318-2
978-3-12-949324-3

Im Buchhandel erhältlich. Weitere Informationen unter www.klett-lerntraining.de